ZUVERSICHT
ZUKUNFT

W0105494

PETER BAUMGARTNER

ZUVERSICHT

ZUKUNFT

Wie Sie den Wandel umarmen und Organisationen zukunftsfähig führen

Colorama
Business

Impressum

3., ergänzte Auflage 2021
ISBN: 978-3-903011-58-8

Bibliografische Information der Deutschen Nationalbibliothek:
Die Deutsche Nationalbibliothek verzeichnet diese Publikation
in der Deutschen Nationalbibliografie. Detaillierte bibliografische
Daten sind im Internet unter http://dnb.d-nb.de abrufbar.

Satz: Bernhard Helminger
Autorenbild: Christian Haggenmüller
Lektorat: Mag. Norbert Huber
Druck und Bindung: Mazowieckie Centrum Poligrafii Wojciech
    Hunkiewicz, Polen
Printed in E.U.

© 2021 Colorama Verlagsgesellschaft mbH/Salzburg
www.colorama.at

Inhaltsverzeichnis

Über den Autor

Dipl.-Päd. Ing. Peter Baumgartner ist internationaler Unternehmensberater namhafter Organisationen. Der sechsfache Buchautor ist zudem Wirtschaftsliteraturpreisträger. Als empathischer Coach begleitet und entwickelt er Menschen durch Führungs- und Vortrags-Coaching. Er ist inspirierender Redner und begeistert sein internationales Publikum mit den Themen: Leadership und Kommunikation, Digitalisierung und Transformation. Peter Baumgartner lehrt an Hochschulen und Business Schools in Österreich, Deutschland und der Schweiz.

Peter Baumgartner überzeugt mit Erfahrung und ist nicht nur am Puls der Zeit, sondern der Zeit voraus. Er ist Vordenker, erspürt Trends und gibt seinen Vorsprung weiter. Er berührt emotional und rhetorisch. Peter Baumgartner bewegt Menschen und macht Organisationen zukunftsfähig. Nicht umsonst bezeichnet er sich als „Falco der Rednerbühne" – österreichisch charmant und faktenreich direkt.

E-Mail: info@peterbaumgartner.at
Website: www.peterbaumgartner.at

Prolog:
Seien Sie der Wandel, nicht der Stillstand

1.

Keine Atempause,
Geschichte wird gemacht,
es geht voran.

– Fehlfarben

Ein kleines Geheimnis zu Beginn. Wenn dieses Buch nicht von Ihnen als Leser handelt, nicht von Ihren Themen handelt, werden Sie keinesfalls weiterlesen. Der Buchtitel muss also nahe an Ihrer Gedankenwelt sein. Mit hoher Wahrscheinlichkeit lesen Sie dieses Buch, weil Sie erfolgreich sind und ohne Zweifel weiter erfolgreich sein wollen.

Über den Begriff „Erfolg" lässt sich trefflich streiten. Ich gehe diesem Streit nicht aus dem Weg, wenn ich postuliere: Erfolg im Wirtschaftsleben ist die Folge zukunftsfähiger Ausrichtung, richtiger Entscheidungen und erledigter Aufgaben.

Alle anderen Arten des Erfolges, insbesondere Ihre ganz persönlichen Erfolgsvorstellungen, können nur Sie für sich formulieren. Was ich eingangs unbedingt für alle erfolgsmotivierten Menschen beanspruchen muss, ist das Wort Optimismus.

Optimismus ist Pflicht!

– Sir Karl Popper

Zuversicht und eigener Stil

Da Sie nach dem Zitat von Sir Karl Popper weitergelesen haben, liegt die Vermutung nahe, dass Sie ein zuversichtlicher Mensch sind. Das freut mich besonders. Für Sie und für mich. Denn, eine optimistische Grundhaltung erleichtert so vieles im Alltag. Unsere Welt ist übervoll mit Erkenntnissen und Methoden. Vieles davon ist weder neu noch überraschend, noch überzeugend. Sie überzeugen nur durch Ihren eigenen Stil. Ich liefere Ihnen in diesem Buch keine klassischen Rezepte und vorgefertigten Anleitungen für irgendeinen Erfolg. Das fand und finde ich nicht zielführend. Ich erlaube mir vielmehr Ihren Zugang zu jenen Themen zu erweitern, die unsere Zukunftsfähigkeit ausmachen.

Dynamik, Wandel und Zeitgeist

Wehklagendes Gejammer über unsere Zeit, diese schwierige Zeit, diese so herausfordernde Zeit und dergleichen, finden Sie in diesem Buch keine. Allem eine einzigartig wichtige und drängende Zeitkomponente zu geben, wird uns und unseren Vorfahren nicht gerecht. Es gab tatsächlich Menschen, die es geschafft haben, aus dem Dreck dieser Erde Flugzeuge zu bauen. Diese schlichte Tatsache reicht, um die Klagenden über die heutigen Herausforderungen verstummen zu lassen. Ich plädiere dafür, bei dieser permanenten Dramatisierung der jetzigen Zeit nicht mitzumachen. Behalten wir einen Blick für historische Entwicklungen. Dieser Blick verhilft, auch inmitten der aktuellen Dynamik, zu einer gewissen Entspanntheit.

Die Höchstgeschwindigkeit der Menschen war lange der Lauf des Pferdes und das segelnde Schiff. Fortschritte hatten keine merkbare Beschleunigung herbeigeführt. Auch Eisenbahn und Dampfboot verfünffachten, verzehnfachten, verzwanzigfachten nur die bekannten Geschwindigkeiten. Völlig unvermutet brachen die Leistungen der Telegraphie auf die Menschen ein. Ein elektrischer Funke übersprang durch die ersten Tiefseekabel ganze Erdteile. Das soeben hingeschriebene Wort konnte ab 1866 in derselben Sekunde bereits tausende Kilometer entfernt empfangen und verstanden werden. Das war der Schritt zum Millionenfachen und Milliardenfachen der menschlichen Geschwindigkeit. Die Welt wurde zum globalen Dorf.

Immense Geschwindigkeitssteigerungen gab es seit jeher. Gestiegene Ansprüche und enge Terminkorsette sind nicht ein Ausdruck unserer Zeit. Diese Problematik haben wir nicht für uns gepachtet. Das Prinzip des zeitlichen Gedränges existiert bereits ewig. Meines Erachtens basiert die Dynamik vor allem auf der Konkurrenz zwischen den Anbietern. Das heißt, es geht für alle Unternehmen darum, besser und schneller als die anderen zu sein. Diese Maxime gilt doch seit mindestens 200 Jahren. Seitdem existiert bei Unternehmenslenkern das Gefühl, es wird alles viel schneller. Die Anforderungen werden subjektiv größer und größer. Die gewaltige Dynamik und der permanente Wandel, welche wir beide heute beobachten und erleben, sind nicht neu. Diesen Wandel hätte ein Mensch in den 1970er Jahren, in den 1920er Jahren oder in der Hochphase der Industrialisierung gegen Ende des 19. Jahrhunderts genauso wahrgenommen. Sie sehen, es ging auch schon damals um Wandel und Zukunftsfähigkeit.

Heute springen alle enthusiastisch auf den digitalen Zeitgeist-express auf, ohne zu fragen, wer den Zug wohin fährt. Mich hat noch nie interessiert, in diesem Express zu sitzen. Ich lege vielmehr vorne die Schienen und bestimme den Kurs. Den Kurs hin zu weniger an digitaler Scheinwelt und überbordendem Technologiekult. Dies ist der Kurs hin zu mehr an wertschätzender Unternehmenskultur und Menschlichkeit in der Wirtschaft.

Zukunftsfähige Organisationen liefen noch nie Trends hinterher. Ihre Führungskräfte verfügen vielmehr über Optimismus, Weitblick und Zukunftsintelligenz.

Das Morgen besser gestalten als das Heute.

Zukunftsfaktor Zuversicht

Warum Zuversicht in diesen Zeiten? Alles an menschlicher und damit auch an wirtschaftlicher Entwicklung bezieht seine Berechtigung aus einem Ansatz: Das Morgen besser zu gestalten als das Heute. Das ist nicht übertrieben, das ist das Mindeste, das wir als Anspruch in uns tragen sollten. Zuversicht Zukunft steht für die unverzichtbaren Elemente: Leadership, Digitalkompetenz, Unternehmenskultur und Zukunftsfähigkeit. Wie auch immer. Wenn Sie nur ein Element davon weglassen, ist Ihre Organisation nicht gut aufgestellt. Wenn Sie so viel wie möglich aus diesen Welten in Ihren Alltag einbringen, steht Ihnen alles offen.

Seit langem suchen Führungskräfte Antworten dafür, dass sich Menschen nicht managen lassen. Sich nicht managen lassen wie Produkte, Finanzen und Prozesse. Ihre Antwort kann nur sein, Menschen zu führen, digitale Kompetenzen einzusetzen, Kultur zu entwickeln und Zukunft positiv zu gestalten. Das Morgen fordert uns und die Kompetenzen dafür werden definitiv niemandem geschenkt. Das mag eine unbequeme Aussage sein. Zuversicht ist das erfolgsentscheidende Kriterium für Ihre Zukunft.

Führungskräfte sind Vorreiter der Zukunft. Niemand muss sich so sehr mit der Zukunft auseinandersetzen wie sie. Die einen sind dafür, die anderen sind dagegen und die Dritten wissen es noch nicht: Die Fähigkeit, Menschen für ein Unternehmen, ein Team oder eine Aufgabe zu gewinnen, ist existenziell wichtig. Sucher suchen immer nur. Finder finden Menschen, die sie begleiten wollen. Finder schaffen eine Unternehmenskultur, die Menschen gerecht wird und anzieht. Und Finder haben eine klare Vorstellung von den Fertigkeiten für die Zukunft. Lassen Sie uns Finder sein. Lassen Sie uns finden, was wir für die Zukunft brauchen.

*Man kann meist viel mehr tun,
als man sich zutraut.*

– Aenne Burda

Zuversicht ist der neue Sinn

Warum neuer Sinn? Weil der Sinn bislang rauf- und runtererzählt wird. Weil der Sinn zum scheinbar einzigen Inhalt der Wirtschaft verkommt. Gerne führe ich Beispielsätze an: *Schon längst geht es im Job nicht mehr nur darum, Geld zu verdienen, sondern sich auch zu verwirklichen. Führungskräfte müssen die Mitarbeiter sinnerfüllend einsetzen. Arbeit muss*

Spaß machen, Glück bringen und Freude machen. Purpose ist der neue Selbstzweck ...

Es ist nicht verkehrt, sich zu fragen, warum man bestimmte Dinge macht und welchem höheren Zweck sie dienen. Wir können alles nach diesen Kriterien bewerten, unattraktive Themen bleiben aber unattraktiv. Langer Atem, Frustrationstoleranz und Arbeit zum Geldverdienen scheinen heute politisch unkorrekt zu sein. Früher waren sie pragmatische Ratgeber, um zu erkennen, dass nicht alles mit Sinn versehen sein kann. Arbeit darf auch das sein, was sie ist: Arbeit.

Die sinnsuchende postindustrielle Gesellschaft ist ein Kind ihrer Zeit. Arbeit diente sehr lange „nur" zur Existenzsicherung. Die Arbeit an sich bot dadurch jede Menge Sinn. 1970 gab ein Haushalt noch rund 30 Prozent seines Einkommens für Nahrungsmittel aus. Heute liegen wir bei etwa 15 Prozent. Früher sparten die Menschen lange auf ein Ziel hin. Egal, ob Fernseher, Computer, Motorrad, Auto, Wohnung, Haus oder Urlaubsreise. Das konnte dauern, das war zugleich ein klares und erstrebenswertes Ziel. Die heutige Großelterngeneration verfügt über relativ viel Vermögen. Die Generation der Erben denkt dadurch anders. Kredite und Leasing haben vielen zusätzlich das Leben vereinfacht, oder sie glauben das zumindest. Zuerst genießen, dann bezahlen. Zuerst freuen, dann abarbeiten. Auf die Spitze getrieben, sehen das die jungen Generationen überwiegend so: Warum etwas besitzen? Besser teilen, nutzen und die digitalunternehmerischen Vorbilder anbeten, die nichts besitzen und denen in Wirklichkeit alles in ihren Märkten gehört. Sie müssen kein Bett besitzen, um das größte Hotel der Welt zu betreiben. Sie müssen keinen Kinosaal Ihr Eigen nennen, um das größte globale Filmhaus zu sein. Hier prallen Sinnvorstellungen von gestern und heute aufeinander.

Die Sinnsuche ist ein Ausdruck dessen, dass die Auswahl einfach zu groß ist. Der Sinn des Lebens ist seltsamerweise gerade auch dann bedroht, wenn es der Gesellschaft und damit den Menschen materiell sehr gut geht. Wenn sie keine existenziellen Sorgen mehr haben, wenn sie nichts anders zu tun haben, als sich zu amüsieren und an sich zu denken. Die Menschen haben dann zwar genug, wovon sie leben können, aber zu wenig, wofür es sich zu leben oder arbeiten lohnt.

Welchen Sinn braucht es denn? Sinn hat viele Ausprägungen und lässt sich dadurch endlos differenzieren. Für den einen macht wirtschaftlich nur Geld Sinn. Für den anderen ist Sinn, etwas Nützliches zu tun. Bewahrer haben einen Sinn für Konservativität. Anhänger der Transformation gewinnen dem Wandel Sinn ab. Der Sinn der Gesellschaft hat andere Ausprägungen. Blaise Pascal schrieb bereits im 17. Jahrhundert: *Das ganze Unglück der Menschheit rührt allein daher, dass sie nicht ruhig in einem Zimmer zu bleiben vermögen.* Die heutige Spaßfraktion ringt dem Sinn primär Vergnügen, Verwirklichung, kurzweilige Zerstreuung ohne Ende und was weiß ich alles ab.

Ich bin da wesentlich näher beim Begründer der Existenzanalyse, Viktor Frankl. Der österreichische Psychiater und Neurologe verstand Sinn wohl wie wenige andere. Frankl schrieb: *Wer Leistung fordert, muss Sinnmöglichkeiten bieten.* Er verknüpft also Leistung mit Sinn. Viktor Frankl überlebte den nationalsozialistischen Terror in Auschwitz und Dachau. In seinem Buch „... trotzdem Ja zum Leben sagen: Ein Psychologe erlebt das Konzentrationslager" beschäftigte Frankl sich mit Sinn und Zuversicht. Mit seinem unbedingten Festhalten daran, dass ein Sinn im Leben zu finden sei, hat Frankl einer sinnsuchenden Welt heute viel zu sagen.

Unbestritten benötigt jede Organisation, auch die Ihre, Sinn. Sinn ist der Unternehmenskern. Sinn ist der Existenzgrund einer jeden Organisation. Um Ihren Unternehmenskern legt sich wie in einer Schalentechnik die Unternehmenskultur. Diese beiden zentralen Elemente werden von Elementen, wie Ordnung, Strukturen und Prozessen unterstützt. Ihr ganzes System wird durch die Begriffe Technologie, Transformation, Markt, Finanzen, Kunden, Politik, Gesellschaft, Neue Medien, etc. zusätzlich beeinflusst. Ohne eine zukunftsfähige Ausrichtung würde Ihre Organisation diesen Einflüssen nie standhalten. Den Begriff „Unternehmenskern" greife ich später noch einmal auf, da sich mit ihm bestimmte Situationen bestens definieren lassen.

Sich nur auf den Sinn zu konzentrieren, blendet Wesentliches aus. Sinn können Sie nicht losgelöst von unternehmenskulturellen, wirtschaftlichen und gesellschaftlichen Rahmenbedingungen einklagen. Lassen Sie sich nie von anderen vorgeben, was gerade angesagt ist. Sie können aber stets zuversichtlich agieren und Ihrem Sinn folgen.

Natürlich verwende ich auch in diesem Buch das Wort Sinn. Ich verwende es nie zur Unterstützung eines ökonomischen Gewinner-Verlierer-Systems. Sinn verstehe ich ausschließlich als eine Win-Win-Haltung, damit es den Beteiligten nachher besser geht als vorher. Sinn ist die Zuversicht. Und Zuversicht ist die Grundhaltung einer jeden Führungskraft.

CONCLUSIO

Woher bezieht Wandel nur seine Berechtigung? Wohl daher, dass jede Veränderung zum Besseren dem Stillstand vorzuziehen ist. Menschen, die nicht gelernt haben zu führen und Kulturen, die sich dem Wandel widersetzen, sind für die Zukunft verheerend. Vielmehr ist heute Zuversicht gefragt! Durch die Hauptthemen des Buches schlage ich genau diesen Weg der Zuversicht ein. Ich lege die Schienen klar in die positive und zuversichtliche Richtung.

Anmerkung 1:
Liebe Lesende! Natürlich spreche ich Frauen und Männer gleichermaßen an, auch wenn ich zur besseren Lesbarkeit nicht ausdrücklich gendermäßig trenne.

Anmerkung 2:
Alle mit Namen versehen Zitate sind den jeweiligen Verfassern direkt zuordenbar. Die Zitate ohne Namensnennung stammen von mir oder sind nicht belegt.

Das Fundament
Leadership

2.

Leadership bedeutet:
Menschen groß machen.
Alles andere ist bedeutungslos.

Warum Fundament Leadership?

Wenn wir wirtschaftliches Handeln auf Menschen, Produkte und Profite reduzieren, dann sind alle drei extrem wichtig. Gerade in Zeiten des digitalen Wandels stehen für mich die Menschen mit ihren analogen Bedürfnissen unverrückbar an erster Stelle.

Erfolgreiche Unternehmensführung ist vorrangig erfolgreiche Menschenführung. Menschenführung ist vorrangig zwischenmenschliches Wirken und spürbare Begeisterung für andere.

Ein anerkannter Leader zu sein, ist höchst attraktiv. Daran ändert sich in digitalen Zeiten nichts. Warum sollte es das? Menschenführung ist hochkomplex und einfach zugleich. Die zwei übergeordneten Hauptantreiber des Menschen heißen schon immer, und vermutlich bis in alle Ewigkeit, Liebe und Angst. Positive und negative Motivatoren besitzen trotz Technologie eine enorme Kraft.

Jeder Mensch in Führungsverantwortung muss sich letztlich entscheiden. Er stellt sich im Grunde die Frage, will ich mit Liebe oder Angst führen? Für mich ist diese Entscheidung keine Entscheidung, weil es nur einen Weg geben kann ...

2.1 Führungskunst und Schlüsselkompetenzen

Führung ist die schöpferischste aller Künste. Es ist die Kunst, Talente richtig einzusetzen.

– nach Robert McNamara

Führung, eine Kunst

Wenn mehr Führungskräfte ihre Arbeit als Kunst, als Führungskunst an sich, sehen, dann sind sie in ihrer Führungsaufgabe auf dem allerbesten Weg. Ich finde die Bezeichnung der Führungskunst als sehr gelungen.

Die Kunst des Führens hat viele Ausprägungen. Unterschiedliche wirtschaftliche Situationen und menschliche Konstellationen verlangen unterschiedliche Herangehensweisen. Es gibt keine allgemeingültige Formel für gute Führung. Als Grundhaltung der Führung überdauert der Ansatz, unaufhörlich positiv beeinflussen zu wollen. Die Basis dafür ist ein ehrliches Interesse an den Menschen. Die Menschen strahlen, wenn Sie sich für sie interessieren. Und diese Menschen beginnen, für Sie zu laufen.

Wie oft sehen Sie dieses Strahlen in den Augen Ihres Teams? Wie viele Ihrer Mitarbeiter laufen und brennen für die Sache? Und, was machen Sie im Besonderen dafür? Mit diesen Fragen und den Antworten darauf, beschäftigt sich dieses Kapitel.

Die Kernkompetenz von Führung ist Charakter.

– Warren Bennis

Schlüsselkompetenzen für Leader

Zu Schlüsselkompetenzen existieren rund 600 verschiedene Definitionen. Die will und kann sich niemand wirklich verinnerlichen. Das zeigt, wie aktuell und wichtig, aber auch wie wenig trennscharf diese Qualifikationen als Leader-Eigenschaften sind. Eine Differenzierung aller Eigenschaften erscheint unmöglich und keinesfalls zielführend. Es kommt auf ganz wenige Qualifikationen und nicht auf deren ausufernde Aufzählung an. Schlüsselfähigkeiten sind generell überfachliche Kompetenzen, die quer über alle Berufsfelder eine Rolle spielen. Der Begriff wurde in den 1970er Jahren durch den Arbeitsforscher Dieter Mertens geprägt. Es gibt vier Bereiche von Schlüsselkompetenzen, die man unter dem Begriff Handlungskompetenz zusammenfasst.

HANDLUNGSKOMPETENZ	
Selbstkompetenz	Charakter- und Persönlichkeitseigenschaften
Soziale Kompetenz	zwischenmenschliche Interaktionen
Methodenkompetenz	Zusammenhänge erkennen und Lösungen entwickeln
Medienkompetenz	reflektierter Umgang mit Medien und Informationen

Extrem verkürzend bedeutet die Leadership-Kompetenz für mich eines: Menschen und Ereignisse positiv zu beeinflussen. Die Menschen stehen klar an erster Stelle. Wer kein gutes Team hat, der beschränkt sich selbst. Dies sollte im Zentrum aller Schlüsselkompetenzen zu finden sein.

Leader erreichen nicht nur, dass die Mitarbeiter ihre Aufgaben ausführen, sondern auch, dass diese Menschen ihren Leader unterstützen wollen. Ein Leader versteht natürlich die ökonomischen Zusammenhänge und Aufgaben. Leadership betont zudem den Persönlichkeitsaspekt des Leaders. Leadership bezieht sich stark auf die Soziologie sowie die Arbeits- und Organisationspsychologie. Damit erschließt Leadership die soziale und ethische Kompetenz. Charakter steht an der obersten Stelle.

Leadership-Kompetenzen, die dieses Kapitel behandelt:

- Leader können sich selbst gut führen.
- Leader machen Menschen groß.
- Leader führen mit Empathie und Wertschätzung.
- Leader agieren nie selbstgefällig.
- Leader stellen die Menschen in den Mittelpunkt.
- Leader handeln als Erster unter Gleichen.
- Leader mögen Menschen.
- Leader besitzen eine natürliche Autorität.
- Leader können mit Dissonanz umgehen.
- Leader sind Vorbild.

Die Fähigkeit des Leaders ist es, das Kommende zu antizipieren, eine Veränderung vorwegzunehmen und das anvisierte Ergebnis herbeizuführen. Der Leader hat eine konkret zukunftsorientierte Einstellung. Er will gestalten. Leadership ist eine Aufgabe für Zukunftsfähige.

2.2 Die Führungspersönlichkeit

Eine stabile Führungspersönlichkeit kann sich selbst gut führen, achtet auf die persönliche Entwicklung und meistert die
tagtäglichen Herausforderungen. Das klingt nicht nach viel,
bedeutet aber doch alles für Ihren Führungserfolg.

Selbstführung und Selbstkonzept

Peter F. Drucker, amerikanischer Ökonom mit österreichischer
Herkunft, veröffentlichte einflussreiche Werke über Theorie
und Praxis des Managements. Er gilt als Pionier der modernen Managementlehre und wusste: *Nur wenige Menschen
sehen ein, dass sie letztendlich nur eine einzige Person führen können und auch müssen. Diese Person sind sie selbst.*

Menschen, die sich selbst gut führen, sind kontaktfähig und so-
zial kompetent. Sie setzen sich angemessen durch und geben
bei Schwierigkeiten nicht auf. Stabile Personen überdauern
Stress, ohne einzuknicken. Sie können auf etwas verzichten
und wissen, dass aktives Verhalten zählt. Ihre intellektuellen
Fähigkeiten schöpfen sie aus und sie verfügen über ein aus-
geglichenes persönliches Zeitmanagement. Als Leader besitzen Sie ein positives Selbstkonzept, das die Wahrnehmung
und das Wissen um Ihre Person umfasst.

Ihr Selbstkonzept wird von drei Elementen bestimmt:

- Ihr klares Selbstideal führt zu entschiedenen und motivierten Handlungen.
- Ihr positives Selbstbild, wie Sie sich sehen und über sich
  denken, ist die Grundlage für Erfolg.

- Ihr Selbstbewusstsein bestimmt Persönlichkeit, Energie und Gefühle. Es bestimmt auch den Eindruck, den Sie auf andere Menschen machen.

Insbesondere Ihr Selbstbewusstsein braucht im Führungsalltag ein gesundes Maß. Als Führungskraft dürfen Sie sich durch ein Zuviel an Selbstbewusstsein nicht selbst im Weg stehen. Für Ihre eigene Entwicklung müssen Sie bereit sein, selbstkritisch und zukunftsorientiert an sich zu arbeiten.

Persönliche Entwicklung

Natürlich entwickeln Sie als Leader ihr Unternehmen weiter, das versuchen ohnehin viele. Was Sie noch zusätzlich auszeichnet, ist, dass Sie sich um Ihre eigene Entwicklung kümmern. Sie sind jeden Tag mit anspruchsvollen Herausforderungen konfrontiert und müssen Ihre eigenen Fähigkeiten ständig erweitern.

Persönliche Entwicklung heißt, an sich selbst arbeiten. Die Selbstentwicklungskompetenz ist die Basis für die heute so oft strapazierte VUKA-Welt aus Volatilität, Ungewissheit, Komplexität und Ambivalenz. Aus diesen überbeanspruchten Schlagwörtern sollten wir uns eines mitnehmen. Wenn sich die Anforderungen ständig ändern, müssen Sie auch die eigenen Fähigkeiten unaufhörlich hinterfragen. Stetiges Lernen ist folglich essenziell wichtig. Was für die kontinuierliche Entwicklung wirklich zählt, ist ein realistisches Bild von sich selbst. Dieses beinhaltet die eigenen Stärken und Schwächen. Nur wenn man diese kennt, lässt sich an beiden gezielt arbeiten.

Ihr Wissen über flache Hierarchien und soziale Fähigkeiten muss zumindest in dem Maß zunehmen, in dem der digitale Technisierungsgrad voranschreitet. Hierarchische Strukturen schwinden und die Durchsetzung über reine Anweisung gestaltet sich schwieriger. Das verändert die Aufgaben der Führungskräfte nachhaltig. Empathie und Kommunikation sind immer wichtigere Faktoren. Die neuen Generationen fordern, Krisen tragen das Ihrige dazu bei. Deswegen ist es wichtig, dass Sie sich auf Ihre Stärken konzentrieren können und die Möglichkeit haben, reflektiert zu arbeiten. Coaching ist eine ideale Basis dafür. Für eine stetige Entwicklung braucht eine Führungskraft Reflexionsmöglichkeiten durch eine intensive Begleitung. Bedenken Sie: Gute Berater rechnen sich. Leader, die Coaching in Anspruch nehmen, beweisen Stärke und Weitsicht. Davon kann es nie genug geben.

Zu bedenken bleibt, dass rein fachliche Ausbildungen mit Umsatz- oder Technologieorientierung nur eine Dimension der Menschen weiterentwickeln. Zukunftsfähig ist das nicht. Natürlich entdecken wir Organisationen, die Gewinne schreiben, jedoch Leadership völlig vermissen lassen oder missachten. In diesem Fall hat sich die Führungskraft wohl recht einseitig weiterentwickelt und beherrscht die profitorientierte Unternehmenslenkung über alle Maßen. Ein Wachstum der Umsätze und Erträge wird pausenlos angestrebt, höchsterfreut wahrgenommen und publiziert. Ein profitables Unternehmen ist herkömmlich ein Indiz für gutes Management. Profit ist aber nicht zwingend ein Indiz für gute Menschenführung. Rein gewinnorientierte Organisationen enttäuschen letztlich ihre Mitarbeiter und verbrennen Geld. Unternehmensprozesse möglichst effizient zu gestalten, ist eine Seite des Erfolges. Leadership aber hebt das Erfolgspotenzial an sich.

Leadership ist die Fähigkeit, relativ selbstlos andere zu fördern und zusammenzubringen. Das setzt Reife und soziale Kompetenz voraus. Echtes Leadership braucht die Fähigkeit zur Kritik und Selbstkritik. Man muss konstruktiv hinterfragen und nicht nach Bestätigung suchen. Das kann fordern, das kann belasten, aber es ist alternativlos. Leader entwickeln sich Tag für Tag weiter und geben ihr Bestes.

Herausforderungen für Führungskräfte

Die Zahl der Menschen am Limit ist hoch. Ob es Verantwortung ist, überhöhter Ehrgeiz oder auch die Freude an der Arbeit: Führungskräfte arbeiten oft sehr viel. Sie stellen an sich hohe Ansprüche und hören selten die innere sorgenvolle und warnende Stimme. Interne und externe Belastungen wirken vielfältig auf Führungskräfte ein. Leader können nur geben, wenn sie sich im Gleichgewicht befinden. Familie und Freizeitverhalten, Sport und Kultur sowie maßvoller Umgang mit den eigenen Ressourcen fördern Ausgeglichenheit. Gesunde Ernährung und genügend Schlaf sind zusätzliche Voraussetzungen. Verfolgen Sie diese Aspekte konsequent. Nur wer seine persönlichen Grenzen kennt und respektiert, wird dauerhaft bestehen. Leader stellen sich der Aufgabe, hochqualifiziert zu überleben.

Unternehmerische Ergebnisse sind oft von Ihrer Gesundheit und Ausgeglichenheit, von Ihren reflektierten Entscheidungen und Ihrer Begeisterungsfähigkeit abhängig. Welche Bedürfnisse haben Sie? Was brauchen Sie, um Ihr Bestes geben zu können? Beantworten Sie für sich diese Fragen und leben Sie nach Möglichkeit danach.

Ein weiterer Aspekt der Herausforderung ist, dass Führung einsam macht. Neue, unternehmensinterne Führungskräfte sind über Nacht nicht mehr Mitglied Ihres Teams. In solchen Fällen ist der Austausch mit anderen Führungsverantwortlichen wichtig. Um die Zukunft zu meistern, darf ein Leader seinen Fokus nicht nur auf sich richten. Ein jeder Leader braucht Begleiter.

2.3 Weg und Ziel: Menschen groß machen

Niemand ist eine Insel.

– John Donne

Menschen groß machen

Niemals kann ein Mensch alleine eine Organisation entwickeln. Niemals kann ein Leader ohne Team großartige Ergebnisse erzielen. Niemand ist Leader ohne eine Mannschaft, die ihn unterstützt. Niemand ist eine Insel.

Wer andere klein machen muss, damit er selbst größer wird, der befindet sich in einer bedauernswerten Position. Dieses Kleinmachen sichert in der höchsten Entwicklungsstufe, dass Führungsverantwortliche durch die Mitarbeiter nicht mehr erfahren, was im Unternehmen los ist. Wer die Menschen in seiner Organisation klein macht, macht letztlich seine Organisation klein. Das geht soweit, dass Menschen in Führungsverantwortung andere Menschen manipulieren. Noam Chomsky hat seine eigene Theorie dazu, die sinngemäß so lautet: Wer Leute passiv und fügsam halten will, begrenzt das Spektrum akzeptabler Meinungen. Innerhalb dieser Grenzen regt er aber eine sehr lebhafte Debatte an und fördert kritische Meinungen. Das gibt den Leuten das Gefühl, dass freies Denken möglich ist. Im Endeffekt werden durch die begrenzte Debatte nur die Voraussetzungen des Systems bestärkt. Wer in Unternehmen so handelt, ist ein egozentrischer Machthaber und zugleich der Totengräber des menschlichen und wirtschaftlichen Wachstums.

Als Führungskraft brauchen Sie eine hoch motivierte Mannschaft. Dass Sie unternehmenswichtige Entscheidungen treffen, erwarten Ihre Mitarbeiter ohnehin. Was Sie darüber hinaus benötigen, ist ein Team, das die Möglichkeit hat, über sich hinauszuwachsen.

Die Bedürfnispyramide von Abraham Maslow aus der Mitte des 20. Jahrhunderts sei hier erwähnt und als bekannt vorausgesetzt. Maslow geht davon aus, dass alle Individuen eine Reihe von Bedürfnissen haben, nach deren Befriedigung sie suchen. In einer pyramidalen Struktur streben die Menschen klarerweise hin zu den höchsten Stufen. Leader kümmern sich darum, dass ihre Mitarbeiter persönliche Entwicklung erleben. Das ist der Gipfel der Mitarbeiterentwicklung. Alles andere, wie Marketing-Maßnahmen und digitaler Fortschritt, steht in Hochglanzprospekten oder wird auf unternehmenseigenen Social-Media-Kanälen unermüdlich verbreitet. Viel wichtiger als diese Stimmungsmache in der Öffentlichkeit sind echte Entwicklungsmaßnahmen im Unternehmen.

Die Förderung der Mitarbeiter ist heutzutage leider noch kein Standard. Es ist nicht erkennbar, dass sich Mitarbeiterentwicklung quer über alle Branchen und Unternehmensgrößen zieht. Manche Unternehmer oder Führungskräfte fragen sich in vollem Ernst: „Was passiert, wenn wir unsere Mitarbeiter entwickeln und sie verlassen uns?" Die klare Gegenfrage lautet: „Was passiert, wenn wir es nicht tun und sie bleiben?"

Stark hierarchisch strukturierte Unternehmen besitzen oftmals eine Hemmung, ihre Mitarbeiter entwickeln zu lassen. Solche Mitarbeiter stellen vielleicht Fragen, überblicken vielleicht Zusammenhänge und lösen vielleicht abteilungsübergreifend Dinge selbsttätig. Höchst bedenklich finde ich, dass genau das von Führungskräften innerhalb solcher Strukturen nicht erwünscht ist. Sie befürchten, das nimmt ihrer Position Legitimation und Größe weg. Wer so denkt, ist weit weg von der Schaffung eigener Bildungsprogramme oder interner Akademien. Genau das braucht es aber. Wo immer ich für Unternehmen Programme und Akademien entwickle, gehen persönliches Wachstum und wirtschaftlicher Vorteil Hand in Hand. Der Blick über den Tellerrand, der Blick in die Zukunft steht in den Bildungsprogrammen der Unternehmen, oder eben nicht.

Menschen wachsen lassen, bedeutet keinesfalls, als Führungskraft alles abzunicken. Menschen groß machen, meint nicht, pausenloses und unreflektiertes Lob für Mitarbeiter. Menschen brauchen für ihre Entwicklung Vorbilder, Leitbilder und Möglichkeiten, sich auch auszutesten. Menschen entwickeln sich im Besonderen durch konstruktive Kritik und Klarheit weiter.

Machen Sie Menschen groß, indem Sie ihnen klare Rückmeldungen geben und Dinge konsequent einfordern. Wer nicht gefordert wird, erreicht das nächste Niveau der Entwicklung nicht.

Menschen benötigen auch eine dementsprechende Unternehmenskultur, um wachsen zu können. Großmacher sind gefragt. Kleinmacher gab und gibt es genug. Leadership macht andere groß. Empathie und gegenseitige Wertschätzung sind dafür eine Grundvoraussetzung.

Echte Leader blicken in die Augen ihrer Leute.

– nach Monique R. Siegel

Empathie und Wertschätzung

Empathische Fähigkeiten zeichnen jeden Menschen aus. Leader benötigen diese Eigenschaft im Besonderen. Durch Empathie übernehmen Leader humane Verantwortung. Sie kümmern sich um Rahmenbedingungen, in denen sich die Menschen angenommen fühlen. Im Kern unterscheiden sich Leadership und Management genau dadurch.

„Soft Skills" sind weiche Fähigkeiten, welche die zwischenmenschlichen Beziehungen steuern und Mitarbeiter motivieren. Diese arbeiten dadurch selbstständig über ihre Eigeninteressen hinaus. Ein Manager, der sich auf „Hard Skills" konzentriert, entbehrt jeder menschlichen Komponente. Er sieht die Mitarbeiter als Funktionsträger. Doch Empathie und Wertschätzung sind heute extrem kritische Erfolgsmomente. Wer als Führungsverantwortlicher andere Personen nicht menschlich überzeugt und begeistert, dem nützen die besten Fachkenntnisse wenig. Wertschätzung setzt Großzügigkeit voraus. Niemand kann Wertschätzung geben, wenn er engherzig und voll Neid ist.

Ihre wertschätzende Führung ermöglicht Spitzenleistungen. Das Wichtigste ist und bleibt die Wertschätzung der Mitarbeiter durch Sie. Ihre Leute fühlen sich dadurch wichtig und ernst genommen. Ihre Wertschätzung generiert fähige Mitarbeiter. Soft Skills sind Ihre Zukunft.

Maßnahmen, durch die Ihre Mitarbeiter Wertschätzung erleben:

- respektvolle Kommunikation: zuhören, Mitarbeitergespräche, Lob und Feedback
- berufliche Perspektiven und Weiterbildung
- Mitbestimmungsmöglichkeiten und Verantwortung
- Flexibilität bei der Arbeitszeitgestaltung
- Teambuilding durch Aktivitäten, Pausen- und Sozialräume
- Angebote für gesunde Ernährung und Sport
- langfristige Arbeitsverträge und faire Bezahlung
- betriebliche Altersvorsorge und Versicherungen

Fragen Sie sich: Inwieweit gelingt es mir, die Herzen meiner Mitarbeiter zu erreichen? Weiß ich, was meine Mitarbeiter an Wertschätzung brauchen? Kommt meine Wertschätzung bei den Menschen an?

Was passiert, wenn Führungsverantwortliche die Soft Skills nicht in ihre täglichen Verhaltensweisen einbeziehen? Ganz einfach. Für geringe emotionale Fähigkeiten in einer Organisation muss diese unausweichlich einen hohen Preis bezahlen. Sie kann dabei auch wirtschaftlich abstürzen und zugrunde gehen. Genau deswegen müssen sich manche Führungskräfte dringend von Gewohnheiten und Haltungen verabschieden.

Das Ende der Selbstgefälligkeit

Die Selbstgefälligkeit von Menschen in Führungsverantwortung liegt in den letzten Zügen. Mit selbstgefälligem Verhalten zerstören Führungskräfte heute Menschen und Organisationen. Versuchen Sie selbst zu entscheiden, welchen Verlust Sie schlimmer finden. Wer selbstgefällig und abgehoben agiert, wer getrieben von Eitelkeiten und Trends agiert, der hat schon verloren.

Der Wirtschaft ging es so lange so gut wie noch nie. Das wurde für viele zur Selbstverständlichkeit. Die Digitalisierung war als das nächste Allheilmittel auserkoren. Aber aktuell implodieren Hierarchien, aktuell strömen die Vertreter der Generation Y und Z mehr oder weniger in das Wirtschaftsleben und genau so aktuell verabschiedet sich eine Mitarbeitergeneration, der noch viele nachtrauern. Dazu kommen nicht minder aktuell weltumspannende Entwicklungen, deren Ereignisse sich überschlagen. Das sind schlechte Voraussetzungen für die Selbstgefälligkeit von Führungskräften.

Niemand begibt sich freiwillig in das Umfeld einer selbstgefälligen Führungskraft. Diese Aussage lässt sich mit Dieter Lange weiter verdeutlichen: *Menschen verlassen nicht das Unternehmen, Menschen verlassen ihre Vorgesetzten.* Bevor es zu einem Wechsel des Unternehmens kommt, sind die meisten Mitarbeiter in der Regel schon längst durch die Führungskraft demotiviert. Einige arbeiten dann passiv-aggressiv, also gegen den eigenen Arbeitgeber. Der Rest arbeitet in einer Art freizeitorientierter Schonhaltung. Führungskräfte landen durch diese Tendenzen bei Friedrich Rückert: *Wer sich den Besten glaubt, hat sich selbst zum besten.*

Mit der Selbstgefälligkeit gehen oft Respektlosigkeit, Sturheit, Vermessenheit, Blindheit, Egoismus und das Gefühl der Überlegenheit einher. Damit konnte man schon bislang schwer punkten. Heute landet man damit in einem Führungsvakuum. Mehr noch, es gehen einem die zu Führenden aus. Solche Führungskräfte will niemand und keiner hat sie mehr nötig. Mitarbeitermangel und die Unmöglichkeit, neue Mitstreiter zu finden, sind ideale Voraussetzungen für das Ende einer Organisation. Ich ziehe in meinem Beratungsalltag dem Ende der Organisation stets das Ende der Selbstgefälligkeit vor.

In der Überwindung der Selbstgefälligkeit von Führungskräften sehe ich die größten Chancen für Organisationen. Selbstgefälligkeit kann Menschen und Organisationen zugrunde richten. Empathische, respektvolle und motivierende Leader hingegen ziehen andere Menschen an und begeistern sie. Für diese Führungskräfte und für Sie als Leser dieses Buches ist es logisch und selbstverständlich, den Menschen in den Mittelpunkt zu stellen.

Vergessen Sie Lob.
Vergessen Sie Bestrafung.
Vergessen Sie Geld.
Sie müssen die Aufgaben
interessanter machen.

– nach Frederic Herzberg

Der Mensch im Mittelpunkt

Wie Sie den Menschen in den Mittelpunkt stellen, bringt uns die Arbeit des amerikanischen Psychologen Frederic Herzberg näher. In „The Motivation to work" verdeutlichte er die Wichtigkeit der Bedürfnisbefriedigung am Arbeitsplatz. 1968 schrieb Frederick Herzberg in der „Harvard Business Review": *Vergessen Sie Lob. Vergessen Sie Bestrafung. Vergessen Sie Geld. Sie müssen die Arbeit interessanter machen.* Heute, Frederick Herzberg ist seit gut zwei Jahrzehnten tot, schreibe ich in diesem Buch: Wenn Ihnen Technologie und Digitalisierung so wichtig sind, dass Ihnen die Menschen egal sind, dann sind Sie kein Gewinner. Dann sind Sie ein Verlierer!

Im letzten halben Jahrhundert war die Menschheit nicht nur auf dem Mond oder hat in Garagen an der Entwicklung der ersten Personal Computer herum getüftelt. In dieser Zeit haben sich auch Führungskräfte weiter als der Mond von ihren Mitarbeitern entfernt. Oft haben sie versucht, Unternehmensführung von technokratischen Errungenschaften erledigen zu lassen. Was 1968 galt, gilt auch über 50 Jahre später: Wer führen will, muss den Menschen in den Mittelpunkt stellen. Sie können loben, bestrafen und ansprechend bezahlen. Oder am besten alle drei Dinge zusammen versuchen. Wenn Sie aber wirklich etwas bewegen wollen, sollten Sie Ihren Fokus bedingungslos auf die Menschen legen.

Sie müssen sich als Führungskraft um die Menschen kümmern und ideale Arbeitsbedingungen schaffen. Es braucht beides. Das ist keine Frage, die Sie mit entweder oder beantworten können. Bei Simon Sinek klingt das noch wesentlich prägnanter: *Im Leadership geht es nicht darum, sich um alle Entscheidungen zu kümmern. Im Leadership geht es darum, sich um die Verantwortlichen zu kümmern.*

Sie müssen individuellen Menschen individuelle Entwicklungsmöglichkeiten bieten und individuelle Chancen eröffnen. Es geht für Leader nicht wirklich um Problemlösungen am laufenden Band. Es muss Gründe geben, mit anderen gemeinsam etwas gerne und aus ganzem Herzen zu tun.

2.4 Erster und Vorbild: Menschen führen

Wer führen will, muss lernen, Emotionen zu produzieren.

– Rupert Lay

Wer führen will, muss Menschen mögen

Sie fragen sich, warum Sie Menschen mögen müssen? Zurecht. Schlechtes Führungsverhalten wird in der Regel ohnehin nicht sanktioniert, solange das finanzielle Ergebnis stimmt. Zudem wird gutes Führungsverhalten nicht belohnt. Fehlende Führungsausbildung vieler Personen sorgt einfach für schlechtes Leadership. Richard David Precht ahnt: *Niemand wird deshalb besser bezahlt, weil er ein guter Mensch ist.*

Ich denke jedoch, dass ausgezeichnete Leader ein tiefes Interesse an Menschen haben. Leader wenden viel Zeit auf, um ihre Mitarbeiter wirklich kennenzulernen. Auch wenn diese Zeit ab und zu an anderer Stelle fehlt. Ein verantwortungsvoller Leader will aus Menschen mehr machen, als diese sich selbst zutrauen. Er hilft voran. Dazu braucht man Führungskräfte, die sich und andere mögen. Die Aufgabe von Leadership ist es, die Lebensqualität anderer Menschen zu verbessern. Leader sorgen dafür, dass es anderen gut geht.

Steve Jobs drückte sehr klar aus, was erfolgsentscheidend ist: *Liebe, was du tust.* Und wenn jemand Menschen führt, dann liebt er idealerweise Menschen und beschäftigt sich intensiv mit ihnen. Es handelt sich natürlich um eine Frage der persönlichen Lebenseinstellung. Menschen zu führen, setzt das Mögen voraus. Jemand, der Menschen nicht mag, sollte sich eine andere Herausforderung suchen. Oder haben Sie schon einmal einen Bergsteiger gesehen, der Berge nicht mag?

Emotionen sind menschlich und unverzichtbarer Bestandteil der Zusammenarbeit in Ihrer Organisation. Das lässt sich nicht wegdiskutieren oder verharmlosen. Streben Sie positive Emotionen an. Um nachhaltig erfolgreich zu führen, sollten Sie als Führungskraft unbedingt ein wohlwollendes Menschenbild besitzen. Sie beschäftigen sich dadurch gerne mit den Mitarbeitern und nehmen sie mit allen ihren Stärken, Schwächen und Bedürfnissen an. Um langfristig exzellent zu führen, müssen Sie diesen Menschen positiv gegenüberstehen und sie auf Augenhöhe führen.

Der Leader ist zum „Primus inter Pares" geworden, zum Ersten unter Gleichen.

– Wolf Lotter

Auf die Spitze getrieben: Erster unter Gleichen

Wenn Sie Erster unter Gleichen sind, dann geben Ihnen die Gleichen den Auftrag, aus ihrer Arbeit und ihren Fähigkeiten das Beste zu machen. Das läuft ohne Willkür und mit verständlichen Entscheidungen ab. Ein Leader kann aus seinen Mitarbeitern und seinem Unternehmen etwas Besonderes machen. Er muss nur bereit sein, als Erster, mutige und kompetente Entscheidungen zu treffen.

Sie kennen die Aussage, die Treppe muss von oben gekehrt werden. Die Führungskraft ist selbst der erste, vielleicht nicht der beste Mitarbeiter. Führungsqualität wird dort anerkannt, wo diese Haltung gelebt wird. Ein ausgezeichneter Leader handelt bedingungslos als Erster unter Gleichen, weil er die Größe dazu hat.

Der Leader schläft bei einer Expedition nicht im größten Zelt. Der Konzernchef muss nicht in der allerhöchsten Etage anzutreffen sein. Ein Leader erreicht und behält seine Position dank seines Wirkungsvermögens und besonderer Fähigkeiten. Zugleich ist er sich immer bewusst, dass seine Begleiter verschiedene Dinge viel besser können als er selbst. Diese Überzeugung mündet in einer anderen Haltung des Führens, Entscheidens und Zusammenarbeitens.

Primus inter Pares ist nicht genau das, was viele heute als Führen auf Augenhöhe oder Laterale Führung bezeichnen. Das ist Führung ohne Weisungsbefugnis. Es ist kaum überraschend, dass Laterales Führen im Trend liegt, die Arbeitswelt wird immer stärker individualisiert und flexibilisiert. Die Ansprüche der Organisationsmitglieder an Kommunikation, Information, Offenheit und Beteiligung nehmen von Jahr zu Jahr zu. Zu lange entschieden nur die Mitglieder der Geschäftsführung. Das laterale Prinzip befähigt auch die nachgeordneten Ebenen, eigenverantwortlich zu entscheiden. Das bringt Entscheidungsvielfalt und Entscheidung von Vielen statt von Einzelnen mit sich. Aber die Bezeichnung „nachgeordnete Ebenen" ist für mich der Knackpunkt daran. Hier ist klar Hierarchie im Spiel. Hierarchie ohne Macht, oder wie? Das Herausfordernde daran sind die Rahmenbedingungen, die in Organisationen nicht so leicht umsetzbar sind. Laterales Führen muss durch eine laterale Organisationskultur flankiert sein, sonst wird es nichts mit der Begegnung auf Augenhöhe. Durch Primus inter Pares gelingt es gemeinschaftlich, große Zukunftsvorhaben zu meistern. Niemals allein, sondern umgeben von loyalen Mitstreitern. Übergeordnete Ziele erreichen alle, die ihren Mitarbeitern auf Augenhöhe begegnen. Wertschätzende Kommunikation ist der Schlüssel dazu. Leadership ist eine Art zu denken, eine Art zu handeln und vor allem eine Art zu kommunizieren.

Als Leadership-Ansatz bedeutet Erster unter Gleichen vorrangig, den Leuten den Weg frei zu machen. *Führungskräfte müssen akzeptieren, dass sie in ihrer Gruppe Personen haben, die mehr wissen als sie selbst.* Diese Worte von Lutz von Rosenstiel sind die ultimative Aufforderung, Mitarbeiter nicht zu bremsen. Nur die Führungskraft ist die Begrenzung ihres Teams. Wenn wir ein ideales Arbeitsumfeld schaffen, den Mix aus „New Work", „Coworking" und traditionell gewachsenen Modellen hinbekommen, dann haben wir die Basis gelegt. Wichtig ist, dass sich jeder mit seinen Fähigkeiten einbringen kann und will. Wir haben ein Klima der Zusammenarbeit und einen Teamgedanken zu etablieren. Nur damit machen wir den Leuten den Weg frei. Entfesselte Mitarbeiter, die ihren Weg im Sinne der Organisation gehen dürfen, sind unser wahres Kapital.

Menschen zu finden, ihnen zu vertrauen, sie heraus zu fordern, sie fair zu bezahlen und ihnen Wege zu öffnen, sind essentielle Eigenschaften. Die Leute auf den Weg zu schicken, erfordert bei der Führungskraft Reife und Vertrauen. Das wiederum erfordert eine stabile Führungspersönlichkeit ohne überautoritäres Auftreten. Willkürliche Autorität ist kontraproduktiv. Damit gewinnen wir heute nichts, damit verlieren wir alles.

Nur der Schwache wappnet sich mit Härte. Wahre Stärke kann sich Toleranz, Verständnis und Güte leisten.

– Tilly Boesche-Zacharowski

Autorität im Wandel der Zeiten

Menschen lassen sich heute nicht mehr so führen wie in der Vergangenheit. Ein dynamisches und selbstsicheres Team kann mit Härte und Willkür nichts anfangen. Nur wer seinen Mitarbeitern Vertrauen entgegenbringt und es gleichzeitig bei ihnen weckt, besitzt eine natürliche und zugleich zukunftsfähige Autorität.

Der Wandel der Autorität ist zugleich ein Bild des gesellschaftlichen Wandels:

- Vertikale Autorität – ab etwa 1870

  » Rund ein Jahrhundert lang waren Fachwissen und Vorrechte ausreichend, um Autorität auszuüben. Ein Klima von Misstrauen und Kontrolle prägte die Menschen in der Wirtschaft.

  » Distanz war ein Instrument, um Autorität durchzusetzen. Vereinzelung und Konkurrenz unter den Mitarbeitern erhöhten die Führungskräfte zusätzlich.

  » Das Prinzip hieß Unterordnung und Gehorsam. Eskalation und Bestrafung erfuhren all jene, die sich nicht daran hielten. Es handelte sich um eine intransparente und menschenverachtende Form der Autorität. Permanente Anspannung war die Folge.

- Diffuse Autorität – ab 1968

  » Die Kulturrevolte der späten sechziger Jahre brachte für die Autorität eine unklare Legitimation zutage.

  » Gleichgültigkeit und innere Abwesenheit der Mitarbeiter führten zu unklaren und wechselnden Autoritätsbeziehungen.

  » Das zu Grunde liegende Prinzip basierte auf Ungebundenheit. Viele entzogen sich der Autorität oder flüchteten letztendlich vor ihr in andere Konstellationen.

- Transformative Autorität – ab etwa 1995

  » Von Mitte der 1990iger Jahre bis heute sind Beziehungswissen und emotionale Intelligenz die Basis für ein Autoritätsvertrauensverhältnis. Anwesenheit und Nahbarkeit drücken Zustimmung und Vertrauen aus.

  » Wirtschaftliche Kollaboration und interdisziplinäre Zusammenarbeit sind nur in dieser Form von Autorität realisierbar. Vernetzung und Kooperation schaffen die Transformationen der Zeit.

  » Das Prinzip der Gleichwertigkeit basiert auf Deeskalation und Ausgleich, Transparenz ist dazu unverzichtbar. Zugehörigkeit ist ein wesentliches Element.

Veränderte Autoritäten benötigen für ihre Umsetzung im Wirtschaftsleben auch veränderte Hierarchien und veränderte Führungsansätze.

Veränderte Hierarchie und veränderte Führung

Das Wort Hierarchie bringen wir ursprünglich mit Herrschaft im Sinne einer unantastbaren Ordnung in Verbindung. Hierarchie wird als eine klar erkennbare Macht, der man sich unterzuordnen hat, definiert. Hierarchien bieten aber neben dieser Unterordnung auch klare Anhaltspunkte, sie geben damit Orientierung. Es gibt genug Leute, die glücklich sind, in einem festen Rahmen eine To-do-Liste abarbeiten zu dürfen. Zur Freiheit gehört auch, sie nicht in Anspruch nehmen zu wollen. Doch solche Mitarbeiter leben ebenso davon, dass sich ihre Organisation erneuert und nicht in Tradition verliert. Die, die Sicherheit und Verlässlichkeit verlangen, können nur auf eines hoffen. Ihre Führung darf nicht aus Bürokraten bestehen. Ihre Leader müssen Macher sein, die in der Lage sind, das Unternehmen abseits der Routinen zu entwickeln und am Laufen zu halten.

Heute legen Unternehmen Wert darauf, die Hierarchie zu tarnen. Es wird von extrem hierarchischen Organisationen oft so getan, als ob flache Hierarchien existieren würden. Dabei hat sich im Wesentlichen nichts geändert. Etwas anderes bleibt auch gleich. Die einzige Autorität, die wirklich zählt, ist jene, die Ihnen andere freiwillig einräumen. Die Menschen interessieren sich nicht für Ihre Positionsbezeichnung. Die Mitarbeiter wollen wissen, wer ist der Mensch hinter der Führungskraft. Autorität hat für viele nur mehr Berechtigung kraft Person, nicht mehr kraft Position.

Demokratische Leader führen nicht mit strenger Rangordnung und autoritärem Gehabe. Sie schaffen nicht Regeln und Hierarchien, sondern ein Klima und eine Kultur. Sie können nach innen empathisch zuhören und nach außen für alle sprechen. Leader befehlen nicht. Ihr Wort hat mehr Gewicht. Leadership hat nichts mit Befehlen zu tun.

Menschen haben mit Hierarchie an sich kein Problem, sondern eher mit der Art, wie Führung gestaltet wird. Die meisten, die sich auf die Mitgliedschaft in einer Organisation einlassen, wissen, dass es eine Art Hierarchie gibt. Sie wären überrascht, wenn sie nicht einen Ansprechpartner hätten, an den sie berichten und der ihnen Anweisungen erteilt. Dies gilt letztlich auch für die junge Generation, selbst wenn diese, durchaus zurecht, vieles nicht mehr toleriert. Die Unterschiede liegen auf der Hand. Frühere Generationen konnte man hierarchisch, manchmal sogar „militärisch" führen. Von dieser Art zu führen, rate ich, mit der Ausnahme von zeitlich beschränkten, existenzbedrohenden Situationen, dringend ab. Zu bedenken bleibt auch, dass man Hierarchie nicht mit Komplexität umgehen kann. Hierarchie gepaart mit Routine und übertriebenen Vorgaben ist heutzutage blanker Wahnsinn.

Wenn Sie glauben,
das Abenteuer sei gefährlich,
versuchen Sie Routine.
Sie ist tödlich.

– *nach Paulo Coelho*

Exkurs: Compliance managen

Vorab eine Anmerkung: Ich bin uneingeschränkt für ethische und moralische Regeln und gegen jede Art der Korruption. Mein Buch „Geniale Grenzgänge – Limits in der Wirtschaft und am Ende der Welt" behandelt vorrangig Ethik und Moral, sowie die Kultur des Genug Habens. Ich mag Ehrlichkeit und verachte jede Form von ungesetzlichen Absprachen wie Vetternwirtschaft oder Seilschaften. Ich bin für gerechte Steuerleistungen und gegen Steuerhinterziehungen. Das sehe ich für Einzelunternehmer oder Weltkonzerne völlig ident. Aber genauso finde ich Klein-Klein-Regelungen zur Geschenkannahme lächerlich, wenn beispielsweise 15 Euro-Beträge das Limit sprengen.

Gabriel Laub formulierte es allgemein: *Streng nach ethischen Kriterien können nur Menschen außerhalb der ökonomischen Zwänge leben. Sehr junge, sehr alte, sehr reiche, sehr arme, Verrückte und Außenseiter. Und Philosophen, die mit der Ethik Geld verdienen.*

Der Schrecken der Führungskraft nennt sich seit einiger Zeit „Compliance". Das Wort bedeutet Regeltreue. Es handelt sich um die strikte Einhaltung aller Vorschriften, Mechanismen, Verhaltensnormen, Routinen und Verpflichtungen, sowie sämtlicher Abmachungen. Das Wort Compliance genügt, um ein großes oder kleines Raunen und Stöhnen auszulösen. Die heute manchmal überbordende Regeltreue wird zur Lähmung der Führungsebene. Eine Regelroutine wird zum Ende der Entscheidung und somit zum Ende der Handlungsfähigkeit.

Compliance funktioniert deshalb so perfekt, weil sich gewisse Führungskräfte davon in Geiselhaft nehmen lassen. Vor allen Dingen und aus Überzeugung sind dies klassische Manager. Sie haben gelernt, allen Anforderungen standzuhalten. Sie sind perfekt darin, jede Routine zu bedienen, fleißig zu sein und keinesfalls gegen den Mainstream zu handeln. Der sich selbst organisierende Irrsinn überlebt, weil die, die darunter leiden, nicht anders können, als zu seinem Wachstum beizutragen. Solche Manager handeln wie die perfekten Bürokraten des Kapitalismus. In Ihrer Führungsrolle müssen Sie darüber hinaus weisen. Ihre Fähigkeiten sind gefragt, wenn es darum geht, entstehende Spannungen im Führungsalltag auszuhalten.

Dissonanz aushalten

Die zentrale Eigenschaft einer Führungskraft ist es, Spannungen auszuhalten. Unsere Rollen und an uns gestellte Erwartungen stimmen nicht immer mit unseren persönlichen Werten überein. Häufig kommt es zu einem inneren Unwohlsein, welches sich durch Dissonanzen erklären lässt. Eine Führungskraft ist oftmals durch Unternehmensziele und Vorgaben der Eigentümer zu einer bestimmten Vorgehensweise gezwungen. Der Führungsverantwortliche wird in so einem Fall nicht gefragt, ob er persönlich die Sache vielleicht ganz anders angehen würde.

Dissonanzen entstehen, wenn wir verschiedene Wahrnehmungen, die wir mit Bewertungen verbinden, erleben und diese Wahrnehmungen nicht miteinander vereinbar sind. Das daraus resultierende Konfliktgefühl, die Dissonanz, kann sehr belastend sein. Es ist wichtig, sich diesen Zustand bewusst zu machen, um die richtigen Entscheidungen treffen zu können. Kognitive Dissonanz ist eine Spannung, die Menschen motiviert, ein Gleichgewicht herzustellen. Für eine Balance müssen wir unser Verhalten oder unsere Einstellungen ändern. Die Dissonanz lässt sich nur dadurch auflösen.

Um eine immer wiederkehrende Dissonanz zu meistern, können Sie folgendes tun:

- Seien Sie sich klar, dass Ihre Führungsposition selbst gewählt ist.
- Arbeiten Sie an den „Beziehungen" innerhalb Ihres Unternehmens.
- Erstellen Sie Strategien für emotionale Notfälle und setzen Sie diese ein.
- Ihr Ansatz in kritischen Situationen: Was denke ich? Was ist wichtiger zu denken?

- Meistern Sie Komplexität und reduzieren Sie ihre Auswirkungen.
- Filtern Sie Informationen, Sie müssen das Irritierende aushalten und interpretieren.
- Suchen Sie Sparringspartner, Austausch und Weitblick mit anderen helfen.
- Achten Sie stets auf Ihre realistische Eigenwahrnehmung und Ihre Grenzen.

Die Dissonanz ist so etwas wie die kritische Masse aus Unternehmensvorgaben und persönlicher Überzeugung. Diese Spannung halten Sie für Ihre Mitarbeiter aus und diesen müssen Sie natürlich immer voran gehen.

Werte kann man nicht lehren, sondern nur vorleben.

– Viktor Frankl

Vorbildwirkung

Beachten Sie, dass Sie immer Vorbild sind. Das vorleben, was Sie an Verhalten wünschen und Ihren Mitarbeitern vorangehen, ist höchst effektiv. Rund 80 Prozent der Mitarbeiter geben an, dass für sie Vorbild sein, die zentrale Führungsaufgabe ist.

Ihr eigenes Führungsverhalten kommt unvermeidbar bei Ihren Mitarbeitern an. Ihre Vorbildwirkung ist deswegen zeitlos interessant. Sie ist Ihr einziger Ansatz, Menschen zu motivieren. Ihr Optimismus und Ihr Selbstvertrauen übertragen sich auf Ihre Teammitglieder. Fähige Leader führen fähige Teams.

Was Ihre Vorbildwirkung auszeichnet:

- Sie sind stets aufrichtig und kommunizieren offen.
- Sie leben die Werte und das gewünschte Verhalten vor.
- Sie helfen dort, wo Sie gebraucht werden, nicht wo Sie gerade sein möchten.
- Sie verlangen von Ihren Mitarbeitern nichts, wozu Sie nicht selbst bereit sind.
- Sie schaffen ein Unternehmen, in das die Mitarbeiter morgens gerne kommen.
- Sie übernehmen Verantwortung für die Ihnen anvertrauten Menschen.
- Sie minimieren Hierarchieunterschiede und fördern Respekt.
- Sie beachten das wesentliche Ziel und geben mit Blick auf die Zukunft nie auf.

Wir brauchen Vorbilder, heute mehr denn je. Es geht nicht primär darum, Aufgaben vorbildhaft zu erledigen. Es geht um mehr. Es geht um sinnstiftendes Vorbildverhalten. Das bringt Ihre Leute dazu, sich einzusetzen. Vorbild sein, Leistung erbringen und Ergebnisorientierung zu leben, spornt die Mitarbeiter an. Das ist eine Leistung und eine Selbstverständlichkeit zugleich. Vorbilder sind zwangsläufig immer Persönlichkeiten.

CONCLUSIO

Kapital kann man beschaffen,
Fabriken kann man bauen,
Menschen muss man gewinnen.

— Hans Christoph von Rohr

Leadership ist Zuversicht

Zuversicht ist für Leader gefragter denn je. Leader vermitteln Ideen. Sie finden und führen Menschen und halten diese in der Organisation. Leader meistern heute den Clash der Generationen und kennen für morgen den Weg von der ICH-Kultur zur WIR-Kultur.

Die Ansprüche an Führungskräfte steigen. Erfolgreich sind jene Führungskräfte, die den Menschen Orientierung bieten. Interessant sind Führungskräfte, die die Fähigkeit haben, neue Menschen für die Organisation zu gewinnen und diese in der Organisation zu halten. Für interessierte Leser führe ich diese Gedanken in meinem Buch „Leadership leben – Charakter und Charisma entscheiden" näher aus.

Leadership bedeutet, den Menschen Perspektiven zu bieten. Dies gelingt nur einem Leader, der eine zukunftsfähige Einstellung in sich trägt. Ausgezeichnete Führungskräfte schaffen wirtschaftliche Kollaboration und interdisziplinäre Zusammenarbeit. Damit befinden wir uns schlagartig im Zeitalter der Digitalisierung und müssen den aktuellen Entwicklungen unbedingt Raum geben.

Das Fundament Leadership

Analog, das Bio in der schönen neuen digitalen Welt

3.

Bei „Data de Groove"
habe ich Synonyme gesucht
für zwei grundsätzlich sehr
verschiedene Lebensbereiche,
die uns alle betreffen.
„Data" als Synonym für etwas
sehr Kaltes, Elektronisches,
Intelligentes und „Groove"
für etwas sehr Menschliches,
Elementares, Warmes.

– Falco (1990)

Warum analoge Kompetenzen
in digitalen Zeiten?

Die einen meinen, die Digitalisierung werde dazu führen, dass für die Menschen völlig neue Arbeitsplätze und Führungsansätze entstehen, die wir uns noch nicht vorstellen können. Die anderen fürchten das Ende der Arbeit, wie wir sie bislang kannten. Die traditionelle Form der Arbeit werde zurückgehen und Berufe würden verschwinden. Die Dritten sind sich noch nicht sicher, was sie denken sollen, sie ahnen aber, dass Digitalisierung mehr Qualifizierung und Führung benötigt.

Überlassen wir alles den Bits und Bytes oder setzen wir in digitalen Zeiten auf menschliche Kompetenzen? Für mich ist diese Entscheidung keine Entscheidung, weil es nur einen Weg geben kann ...

3.1 Katapult für Entwicklungen?

Alles,
was digitalisiert werden kann,
wird digitalisiert.

– Carly Fiorina

Wer die Digitalisierung verstehen will,
muss ihre Geschichte kennen

Das Katapult für Entwicklungen hat offensichtlich einen Namen. Die Möglichkeiten und Einsatzgebiete der „Künstlichen Intelligenz" (KI) sind zahllos, die wirtschaftlichen Prognosen vielversprechend. Mit den Chancen dieser Technologie gehen auch Risiken und ethische Fragestellungen einher. Einerseits geben Tech-Giganten wie Google vor, dass künstliche Intelligenz nötig ist, um globale Katastrophen wie den Klimawandel, Krebs und Hunger zu bekämpfen. Auf der anderen Seite begreifen Vorreiter wie Elon Musk und Bill Gates künstliche Intelligenz mittlerweile als größte Bedrohung der Menschheit.

Natürlich ist uns klar, dass künstliche Intelligenz tausende Konten oder Akten extrem schnell durchsuchen kann und uns dadurch enorm hilft. Natürlich glauben wir an Pflegeroboter und digitalisierte Operateure, die wichtige medizinische Dienste leisten. Natürlich hoffen wir auf intelligente Verkehrssysteme, die uns unfallfrei und schnell voranbringen.

Alle diese positiven und wichtigen Entwicklungen bedeuten aber nicht, dass wir blinde Digitalisierungsverehrer sein und uneingeschränkt bleiben müssen.

Wer in Kindheit und Jugend in den vordigitalen Zeiten aufwachsen konnte, hat unbestritten Vorteile. Es handelt sich nicht um eine Gunst, zu den früher Geborenen zu zählen. Wer aber beide Welten kennt und die digitale Entwicklung miterlebt hat, kann unterscheiden. Die „Digital Natives" hingegen haben hierzu logischerweise keinerlei Erfahrungen, es fehlt ihnen ein Stück Geschichte. Geschichte lässt sich nicht wiederholen. Geschichte lässt sich nicht vorbestimmen. Vordigitale Zeiten, Digitalisierung an sich und Postdigitalisierung sind kulturgeschichtliche Stationen. Nicht mehr und nicht weniger.

Niemand kann sich der Digitalisierung verschließen. Ich selbst bin mitten drin. Ich bewege mich in der digitalen Welt. Ab und zu mag ich das Digitale. Es gibt ausgeklügelte digitale Werkzeuge, die emotional gestaltet sind und die ich gerne nutze. Ihre Optik und Haptik sind einzigartig schön. Es gibt eine Menge an Programmen und Apps, die mein Leben erleichtern. Kommunikation über Kontinente ist einfach, schnell und beinahe kostenlos. Haus, Auto und Pulsmesser senden mir Daten, wenn sie es für richtig, wichtig oder angebracht halten.

Ich verwende digitale Errungenschaften, aber es gibt Grenzen. Ich vergottere das Digitale nicht. Ich kann theoretisch auf jedem Berggipfel eine E-Mail lesen. Dort oben bevorzuge ich es aber, im Schnee zu stehen und anstatt auf ein kleines Display in atemberaubende Weiten zu blicken. Das fasziniert mich mehr, als die schöne neue digitale Welt.

Daten sind das neue Öl, sind die Ressource des 21. Jahrhunderts.

– Andre Wilkens

Schöne neue digitale Welt

Immer mehr Menschen und Unternehmen wollen alles von und immer noch mehr an Digitalisierung haben und einsetzen. Das Gegenteil von Digitalisierung ist unattraktiv, altmodisch, überholt. In das analoge Zeitalter will keiner zurück. Was bedeutet das für Organisationen, was für die Führung?

Die Gegenüberstellung der heute trendigen Digitalisierung zur nichtdigitalen Welt zeigt auf, wie schön die „Schöne neue Welt" ist. Aldous Huxley verfasste seinen Roman über das Glück der Menschen mit allen verfügbaren technischen Möglichkeiten bereits 1932. Er konnte nicht wissen, um wie viel perfekter wir heute leben. Er konnte nicht wissen, um wie viel beschränkter wir heute eventuell leben.

Digitale Geschwindigkeiten bleiben als Allheilmittel unantastbar. Dass gute Gedanken oft langsam sind, gerät in Vergessenheit. Die Wiederentdeckung der Langsamkeit bleibt Autoren wie Sten Nadolny vorbehalten. Das größer, schneller und weiter Denken steht ganz oben am Götzenaltar des modernen Menschen.

Die Anbetung der künstlichen Intelligenz ist die Chance zur Auslagerung des eigenständigen Denkens. Das ist für manche bequem. Ein bequemer Irrglaube. Die digitalen Kapitalisten reiben sich die Hände. Die Volksvertreter und die öffentliche Meinung befeuern den digitalen Flächenbrand weiter und weiter. Zu allen Themen der Gesellschaft gibt es digitale

Errungenschaften. Ein iPad für jedes Schulkind, unkontrollierte Datenzugriffe, digitale Währungen, digitale Geschäfte, Hologramme als Gesprächspartner und vieles mehr.

Das höchste Ziel innerhalb der jungen Digital-Kultur scheint zu sein, es als Youtuber, Blogger oder Influencer zu schaffen. Das Andy Warhol-Zitat, *In Zukunft wird jeder 15 Minuten weltberühmt sein,* ist aktueller denn je. Wer digital vorne dabei sein will, fragt nicht nach dem Preis und den Auswirkungen der Volldigitalisierung.

Es gibt unendlich viele digitale Errungenschaften. Japaner kaufen zum Beispiel überwiegend wasserdichte Handys. Sie lieben es, in der Dusche zu telefonieren. Ein faszinierender Trend? Mittlerweile besitzen weltweit mehr Menschen ein Handy als eine eigene Zahnbürste. Mit einer Zahnpasta-App wird sich da noch vieles zum Guten wenden. Vermutlich. Immer mehr Handynutzer leiden an „Ringxiety", einem psychoakustischen Phänomen, bei dem man sein Handy klingeln hört, obwohl es nicht klingelt. Mit „Nomophobie" bezeichnet man die Angst, nicht erreichbar zu sein. Ebenfalls eine digitale Krankheit unserer Zeit.

Woran würden Sie den Zivilisationsgrad der Menschheit messen? Wären Hygienestandards eine Idee? 1739 war Wien als erste Stadt Europas vollständig kanalisiert. London hat 1858 nach dem „Großen Gestank" mit dem Bau der Kanalisation begonnen. Seither ist diese Thematik weltweit geregelt. Aber über eineinhalb Jahrhunderte später haben auf unserem Planeten weniger Menschen Zugang zu einem WC als zu einem eigenen Handy.

Zweifellos hat die Digitalisierung enorme Auswirkungen auf unser Leben. Diese müssen nicht immer positiv sein. Die Wirtschaftswelt 4.0 ist von der Digitalisierung extrem betroffen. Oder ist das umgekehrt?

3.2 Die Welt im Wandel

Entwicklungsgeschichte 1.0 bis 4.0

Laut allgemeinem Verständnis verdanken wir der Industriege-
schichte die wesentlichen Entwicklungen der Menschheit. Ich
warne an dieser Stelle vor einem zu einschränkenden und
technokratischen Blick auf unsere Entwicklungsgeschichte.
Wir können Wirtschaft nie losgelöst von kulturellen Entwicklungen betrachten. Deshalb empfinde ich eine Gegenüberstellung der technokratischen und gesellschaftlichen Sichtwei-
sen als wichtig. Nachfolgend finden Sie die Entwicklung der
Revolutionen 1.0 bis 4.0 in einer tabellarischen Gegenüberstellung. Die Jahreszahlen und Zeitangaben stehen dabei für
Näherungswerte.

	Technokratische Sichtweise	Gesellschaftliche Sichtweise
1.0	Dampfmaschine 1769	Sprache vor etwa 100.000 Jahren
2.0	Elektrifizierung/ Taylorismus 1880	Schrift vor etwa 5.000 Jahren
3.0	Mikroelektronik/ EDV 1970	Buchdruck um 1450
4.0	Interaktive Vernetzung der analogen Produktion mit der digitalen Welt	

Die vier industriellen Revolutionen der Menschheit stehen außer Zweifel. Wenig bekannt ist, dass wir genauso von gesellschaftlichen Revolutionen sprechen können.

Die vier gesellschaftlichen Revolutionen lauten:
- Sprachgesellschaft
- Handschriftgesellschaft
- Buchdruckgesellschaft
- Globalisierung- und Digitalisierungsgesellschaft

Die nächsten Entwicklungsstufen wird es sicherlich geben. Bereits Heraklit wusste: *Der Wandel ist die einzige Konstante.* Der Satz mag ein Allgemeinplatz sein, den ich gerne betrete, weil die Quintessenz daraus wichtig ist: Zukünftige Generationen werden Stabilität, wie wir sie kannten, niemals erfahren.

Digitaler Wandel der Berufe

Wenn Politik und Wirtschaftsverbände vorgeben zu wissen, wie sich unsere Berufswelt weiterentwickelt, dann zielen diese Vorgaben sehr stark in Richtung 4.0. Diese Darstellung ist mir aber zu verkürzend und zu pessimistisch. Ich bin davon überzeigt, dass die Zukunft unserer Berufe im „upgrade" zu finden ist. Dort, wo wir die Qualität steigern und nicht mindern. In der folgenden Tabelle können Sie, ausgehend von den bisherigen Berufen, jeweils nach links oder rechts blicken. Entscheiden Sie selbst, in welche Richtung es gehen soll.

4.0	bislang	upgrade
Teiletauscher	Automechaniker	Mechatroniker
Internet-Banking	Bankangestellter	Beratungsprofi
Web-Shop	Verkäufer	Kundenflüsterer
Heckenschneider	Gärtner	Naturgestalter
Anstreicher	Maler	Innen-Farb-Designer

Die Digitalisierung und der demographische Wandel verändern die Arbeitswelt. Große Einigkeit herrscht dort, wo es plakative Aussagen ohne Inhalt gibt: *Die Digitalisierung frisst und schafft Arbeitsplätze. Die Digitalisierung zerstört und generiert Geschäftsmodelle.* Stellt sich nur die Frage: Welche bitte?

Nach Schätzungen von Wissenschaftern der Universität Oxford wird in den kommenden zwanzig Jahren Folgendes Realität. Jeder zweite aktuelle Arbeitsplatz wird durch zunehmende Digitalisierung, und im Speziellen aufgrund der künstlichen Intelligenz, verloren gehen. Das bedeutet aber nicht, dass wir Menschen nicht mehr gefragt sind. Im Gegenteil: Es entstehen natürlich neue Berufsbilder.

Einfache Tätigkeiten werden mehr und mehr verschwinden. Routinejobs mit Optimierungspotenzial droht zukünftig große Verdrängungsgefahr. Berufe mit weniger guten Zukunftschancen dürften sein: Kassierer, LKW-Fahrer, Logistik-Mitarbeiter, Bankangestellter, Mitarbeiter im Fast-Food-Restaurant, aber auch Mitarbeiter im Telefon-Vertrieb.

Die Zukunft gehört den hoch qualifizierten Berufen. Alles, was mit Komplexität, Kreativität und Menschlichkeit zu tun hat, gilt als sicher: Handwerksberufe, Therapeuten, Altenpfleger, Künstler, Lehrer und Mitglied bei einem Kriseninterventionsteam. Hier kann die künstliche Intelligenz wenig bewirken.

Zu vereinfacht lässt sich die Thematik nicht darstellen. Zudem widersprechen sich die einzelnen Studien und Annahmen wiederholt.

Die zukünftigen Entwicklungen teilen sich vermutlich in fünf berufliche Felder:

- Berufsfeld 1 – Berufe, die keine Berechtigung mehr haben: Das sind beispielsweise verlorene Berufe, wie Schreibmaschinenmechaniker, Schriftsetzer und Wagner.

- Berufsfeld 2 – Jobs, die gänzlich automatisiert oder digitalisiert werden können: Dazu zählt man Lagerarbeiter, Regalbetreuer und Rechtsassistenten.

- Berufsfeld 3 – Berufsbilder, deren Inhalte sich digital wandeln und neu definieren: Der Wandel von der Einzelhandelskauffrau hin zur E-Commerce-Fachkraft ist ein Beispiel dafür.

- Berufsfeld 4 – Neue Berufe, die es bislang nicht gab: Social Media-Manager, Drohnenführer, Softwareingenieur und möglicherweise irgendwann Weltraumtourismusassistent.

- Berufsfeld 5 – Berufe, die durch Komplexität und Kreativität weitgehend stabil bleiben: Therapeut, Pflegekraft, Psychologe, Sozialarbeiter, Künstler, Lehrer, Seminarleiter, Vortragender, Mitarbeiter bei einer Krisenhotline und alle Berufe mit einem hohen Anteil an handwerklicher Arbeit, die nicht maschinell ersetzbar ist.

An diesem Punkt ist klar: Die klassischen Berufe wandeln sich. Berufsfelder kommen und gehen. Langfristige Karriereplanung ist von gestern. Die Führung darf in digitalen Zeiten nicht von gestern sein.

3.3 Digital Leadership

Führung kann man nicht herunterladen.
Mitarbeiter sind keine App.

**Digital Leadership und die
Irrtümer der Digitalisierung**

Egal, ob als Vorstand oder Aufsichtsrat, Geschäftsführer oder
Abteilungsleiter, Meister oder Angestellter: Die richtige Einordnung der Digitalisierung entscheidet über die Zukunftsfähigkeit eines Unternehmens. Mit der Digitalisierung verbinden die Menschen viele positive Themen. Meiner Ansicht
nach sitzt die Gesellschaft Irrtümern auf, die Digitalisierung
mit sich bringt.

Die acht Irrtümer der Digitalisierung stützen sich auf folgende
Fakten:

- Irrtum 1: Die Digitalisierung macht uns alle glücklicher

  In den letzten 30 Jahren sind die klassischen Glückswer-
  te in den am meisten digitalisierten Ländern kaum ge-
  stiegen, gleich geblieben oder sogar gesunken. Unsere
  tägliche Arbeit wird durch die digitalen Einflüsse nicht
  zur Glücksfabrik. Es geht nicht vorrangig um Glück durch
  Digitalisierung, sondern um den intelligenten und motivierten Menschen, der das Werkzeug Digitalisierung ver-
  antwortungsvoll einsetzt.

- Irrtum 2: Wo 4.0 draufsteht, ist Digitalisierung drin

Produktion 4.0., Versicherung 4.0, Banking 4.0 und vieles andere suggeriert, es handle sich hier um grundlegend neue Arten, Dinge zu tun. Geschäftsmodelle werden digitalisiert, indem man vorne „digital" oder hinten „4.0" einfügt. Neue Technologien müssen aber neue Angebote, Produkte und Geschäftsmodelle hervorbringen. Wir müssen digital transformieren, um Neues zu erschaffen. Eine kurze Randbemerkung zu den brandneuen 4.0-Methoden: Die heute vielstrapazierten digitalen Algorithmen wurden bereits 1843 von Ada Lovelace in London programmiert.

- Irrtum 3: Digitalisierung ist bloß Elektrifizierung

Der vorherrschende Digitalisierungsanspruch treibt seltsame Blüten. Es gibt Unternehmen, die empfinden sich als digital genug, wenn sie ihr Fax-Gerät in den Keller tragen. Andere schicken die Key Account Manager mit Tablets statt Bestellformularen zu den Kunden. Ein Modeladen an der besten Adresse der Stadt informiert die Kunden über Touch-Terminals statt Style-Berater. Das Schaufensterglas des Lebensmittelladens wird mit QR-Codes statt Ostereiern zugehängt. Wenn das passiert, dann ist das alles andere als Digitalisierung. Wir sprechen hier schlicht und einfach von Elektrifizierung. Wer nur Bestehendes digitalisiert oder gar elektrifiziert, wird es künftig schwer haben.

- Irrtum 4: Reisen ins Silicon Valley sind die Lösung

Es ist modern, ins Silicon Valley zu reisen, Dinge zu kopieren und auf die eigene Situation umzulegen. Neue Ansätze sind aber nur in agilen Organisationen schnell umsetzbar. Starre Organisationsstrukturen scheitern alleine an der Technologie. Wer lieber ausdruckt und ablegt, kann auf die Technik der 1980iger Jahre zurückgreifen oder gleich zusperren. Wenn Sie schon ins Silicon Valley reisen, dann besuchen Sie dort bitte die Schulen in Los Altos. Es sind Waldorfschulen. Die Kinder der digitalen Elite lernen ohne Bildschirme, aber mit menschlicher Interaktion und handwerklicher Arbeit.

- Irrtum 5: Eine grandiose digitale Geschwindigkeitssteigerung

Seit 2003 ist es, nach Einstellung der Concorde, nicht mehr möglich, „schnell" über den Atlantik zu reisen. Es dauert heute rund drei Mal so lange. Die hohe Geschwindigkeit war kaum mehr finanzierbar und letztlich zu gefährlich. Aktuell stagnieren generell Servicezeiten oder gehen zurück. Wenn wir an diese unvermeidlichen Telefon-Hotlines denken, sind wir zum Aufenthalt im Wartesaal verdammt. Da können noch so viele digitale Geschwindigkeitsgläubige behaupten, dass in ihrer Branche eine Woche ein Jahr sei.

- Irrtum 6: Die Digitalisierung als smartes und effizientes Werkzeug

Gerade jetzt, während Sie dieses Buch lesen, benötigen wir weltweit das Energieäquivalent von 25 Atomkraftwerken, um den Energiehunger der Digitalisierung zu stillen. Und dies bei einer jährlichen Steigerungsrate von zehn Prozent. Smart und effizient ist das garantiert nicht.

- Irrtum 7: Die Digitalisierung als Chancenbringer der neuen Arbeitswelt

  Die einen meinen, die Digitalisierung werde dazu führen, dass völlig neue Arbeitswelten entstehen. Die anderen fürchten das Ende der Arbeit und das Verschwinden von Berufen. Die Dritten rücken Komplexität und Agilität in den Fokus. Es bleibt spannend, wer hier aller nicht recht haben wird.

- Irrtum 8: Die Digitalisierung als Wunder- und Geldvermehrungsmittel

  Eine digitale Geldvermehrung gelingt vor allem den digitalen Kapitalisten und der digitalen Aristokratie. Vom Potenzial der Digitalisierung bleibt ohne Realwirtschaft wenig übrig. Das Programmieren von Apps wird die Wirtschaftswelt niemals ablösen. Jede Digitalisierungsform baut auf unserer Infrastruktur auf.

Die Digitalisierung besteht natürlich nicht nur aus Irrtümern. Sie mag viel Positives bewirken, aber Führung kann auch heute niemand herunterladen. Ihre Mitarbeiter sind keine App und lassen sich nicht beliebig updaten, verschieben, löschen und neu installieren. Daraus ziehe ich zwei Schlussfolgerungen in digitalen Führungszeiten:

Erstens verlangt Digitalisierung nach guter Führung. Die Anziehungskraft von Industrie 4.0 und gewinnbringender Vernetzung ist riesig. Wer will noch Menschen erfolgreich führen? Gute Führungskräfte ersetzen hierarchische Prozesse durch Zusammenarbeit und Zugehörigkeit. Sie wissen, wer heute Leistung will, muss Zuversicht und Sinn bieten.

Zweitens bleibt der Mensch die schönste aller Maschinen und verdient sich gute Führung. Unternehmen, die zukunftsfähig bleiben wollen, richten ihren Fokus nicht vorrangig auf die Technik, sondern auf ihre Mitarbeiter. Technik ist austauschbar. Menschen sind einzigartig. Noch dazu sind talentierte und engagierte Mitarbeiter heiß umkämpft.

Führung ist längst nicht mehr das, was früher eine typische „Boss-Arbeiter-Beziehung" war. Diese Denkweise hat ausgedient. Manche Büroetagen sind die letzten Verteidigungsstellungen der alten Autorität und überholten Führung. Dabei sind gerade in der Digitalisierung neue und partizipative Systeme gefragt.

Drei idealtypische digitale Leadership-Stile, die bereits da sind oder erwartet werden:

1. Distributed Leadership

   Beim „geteilten" Leadership wird die Führungsrolle von mehreren Personen getragen. Die Teammitglieder sind aktiv in die Entscheidungsprozesse eingebunden. Sie tragen vermehrt Verantwortung. Das stärkt das Teamgefühl und die Motivation der Gruppe. Für den „ehemaligen" Chef ändert sich die Führung von einer kontrollierenden zu einer koordinierenden Rolle.

2. Inspirational Leadership

   Der Leader ist hier Coach. Das Team ist angehalten, eigene Wege zu finden und sich für das Unternehmen und den Unternehmenskern einzusetzen. Simon Sinek wird nach wie vor für seine Botschaft, *Fang mit dem Warum an*, gefeiert. Für den Leader dreht sich alles um die Frage: Warum tun wir, was wir tun? Das sorgt für inspirierte Mitarbeiter, die über sich hinauswachsen.

3. Artificial Intelligence & Leadership

Der Mitarbeiter der Zukunft heißt für viele AI (Artifizielle Intelligenz). Das kann man cool und irgendwie traurig empfinden. Teams arbeiten vermehrt mit Robotern und intelligenten Maschinen zusammen. Leader führen irgendwann nur mehr teilhumane Teams. Das ist für die Mitarbeiter mit Ängsten verbunden, die ein starker Leader ausgleichen muss.

Jede Form von Leadership in digitalen Zeiten fordert. Zudem ist die Beantwortung einer Frage erfolgsentscheidend: Wie verstehen, begeistern und führen Sie die nachwachsenden Generationen?

3.4 Die Generationen verstehen und begeistern

Es macht keinen Sinn, kluge Leute einzustellen und ihnen zu sagen, was zu tun ist. Wir stellen kluge Leute ein, damit sie uns sagen können, was zu tun ist.

– Steve Jobs

Die Generationen Y und Z

Die Generationen Y und Z zeigen uns, wie sehr demographische Faktoren den Führungsanspruch formen. Kultur und Gesellschaft verändern sich und mit ihnen auch die Jugend. Zeitgeist und Sozialisierung prägen unterschiedliche Werte, Normen und Ziele. Diese gilt es zu kennen und zu beachten, wenn Sie in digitalen Zeiten führen wollen.

Beachtenswert ist das Akronym FOMO. „Fear of missing out", beschreibt die zwanghafte Sorge, eine Interaktion oder ein befriedigendes Erlebnis zu verpassen. Die Digitalisierung ist der wesentliche Treiber dieser Sorge. Menschen in Führungsverantwortung sollten FOMO zuordnen können.

Ein zweites Akronym finde ich ebenfalls bemerkenswert. FOBO, „Fear of better options", wird als die Angst vor besseren Optionen bezeichnet. Wenn sich also jemand nicht entscheiden kann, weil er befürchtet, nicht die beste Entscheidung zu treffen. Je mehr Wahlmöglichkeiten, desto höher das FOBO-Risiko. Dieses Phänomen des digitalen Lebens sollten Leader ebenfalls zuordnen können.

Der Niedergang der klassischen Anreize wie Status und Dienstauto ist offensichtlich. Der vorherrschende Fokus auf die Lebensqualität der gut ausgebildeten jungen Menschen ist ebenso eine Tatsache. Die nachwachsenden Generationen haben erkannt, dass Spitzenleistungen, wie im Sport, immer physische und psychische Pausen benötigen.

Zur genauen Jahrgangseinordnung der Mitglieder von Generationen finden sich verschiedene Thesen und Quellen. Die Wissenschaft unterteilt die Generationen nach dem Zweiten Weltkrieg anhand der Sozialisierungstendenzen und vergibt die jeweiligen Bezeichnungen dafür.

GENERATIONEN	JAHRGÄNGE
Babyboomer	1946–1965
Generation X	1966–1980
Generation Y „Millennials"	1981–1995
Generation Z	1996–2009
Generation Alpha	2010–2025

Eine kurze Anmerkung zum Sprachgebrauch des Begriffs „Millennial". Die Millennials, auch „Generation Me" genannt, sind die zwischen 1981 und 1995 Geborenen. Oft wird Millennial fälschlicherweise als Sammelbegriff für die Generationen Y und Z verwendet. Die Generation Z ist jedoch jene der ab 1996 Geborenen.

Wegen ihrer unterschiedlichen Wertvorstellungen und Erwartungen an das Arbeitsleben und Leben an sich spielen die

Generationen im Employer Branding und Marketing eine wichtige Rolle.

Die Babyboomer fürchteten noch den Aufmerksamkeitsverlust. Die Generation X ängstigte sich vor dem Terrorismus. Die Generation Y vermeidet in ihrem optimalen Setting einfach jede Veränderung. Die Generation Z hat ganz andere Ängste: Null Prozent Akku, schlechter WLAN-Empfang oder fehlende vegane Gerichte. Die Generation Alpha kann scrollen, bevor sie sprechen kann. Für sie erwartet man eine unbeständigere Welt und die Einstellung, die Fehler der Vorgenerationen ausmerzen zu wollen. Zusätzlich dürfte diese Generation so viele Optionen haben, dass ihr Entscheidungen schwer fallen.

Die jungen Generationen, die jetzt im Berufsleben ankommen, stellen besondere Ansprüche an Arbeitsbedingungen und Führungsverhalten. Oftmals kollidieren ihre Bedürfnisse nach Freiheit und Individualität mit traditionellen Strukturen und Führungsansichten. Junge Mitarbeiter fühlen sich von Anfang an als vollwertiges Mitglied des Teams. Sie wollen mitreden und mitentscheiden. Das sind sie von zu Hause so gewöhnt.

Früher galt, Alter ist gleich Respekt. Heute sehen viele nicht ein, Führung aufgrund von Alter, Status oder Autorität ohne weiteres zu akzeptieren. Unterordnung ist kaum attraktiv, der Vorgesetzte und die Hierarchien werden künftig noch mutiger hinterfragt.

Wie Sie als Leader die jungen Generationen begeistern:

- Respekt verdienen! Junge Menschen bewundern Vorbilder.
- Seien Sie Mentor! Legen Sie die Schienen für den gemeinsamen Weg.

- Ermöglichen Sie Gleitzeit-Modelle, Vertrauensarbeitszeit, Homeoffice-Zeiten, Teilzeitarbeit, berufliche Auslandsaufenthalte oder Auszeiten.
- Binden Sie die jungen Mitarbeiter ein und geben Sie ihnen Redezeit.
- Fördern Sie die persönliche Entfaltung und Weiterentwicklung. Das motiviert die jungen Mitarbeiter enorm.
- Bieten Sie wertschätzende Rückmeldungen für die jungen Feedback-Junkies an.
- Vermitteln Sie Sicherheit und bauen Sie die jungen Mitarbeiter auf. Diese scheinen selbstsicher zu sein, denn Präsentationskurse wirken. Innerlich sind sie aber oft unsicher.
- Unterstützen Sie die jungen Generationen für einen realistischeren Blick auf die Dinge.
- Vermitteln Sie im Einzelgespräch, wie der junge Mitarbeiter zum Gesamterfolg beiträgt.

Ob das jetzt jemand gerne liest oder nicht: Top-Leistungen am Arbeitsplatz verschmelzen mehr und mehr mit der Lebensqualität und Freizeitkultur. Im Kampf um frische Talente setzen immer mehr Unternehmen auf neue Arbeitszeitmodelle, die erlauben, Arbeit mit Privatleben in Einklang zu bringen. Nur wer die Bedürfnisse der jungen Generationen ernst nimmt, wird zukünftig wirtschaftlich vorne dabei sein.

Sie wissen, die Generationen Y und Z brauchen Anleitung, Struktur und Ziele. In Ihrer Führungsarbeit kommt es auf eines an: sich selbst treu zu bleiben. Sie müssen Ihren eigenen Stil und Ihre eigenen Visionen vorleben. So reißen Sie die jungen Mitarbeiter nicht nur mit, sondern werden auch zur positiven Leitfigur im realen Leben. Die Führung der Digital Natives ist eine reale, analoge Aufgabe. Natürlich müssen wir dazu verstehen, wie sich die jungen Generationen ihr Leben und die Arbeitswelt vorstellen.

3.5 Millennials im Leben und in der Arbeitswelt

Me, myself and I.
The love of my life is myself.

Millennials im Leben

Einige Fakten zu den jungen Generationen:

- Sie kennen die drei wichtigsten Dinge im Leben junger Menschen? Ganz einfach: Me, myself and I. Diese Überzeugung gipfelt dann beim Mittagessen in einer Anti-Einsamkeits-Suppenschüssel (Anti-Loneliness Ramen Bowl). Sie sollten sich dieses besondere Teil im Internet suchen und staunen, wie gut Sie beim Essen online sein können. So entgeht Ihnen kein Like mehr.

- Die Kommunikation der Millennials ist speziell. Telefonieren ist nicht so richtig in, dafür sind 248 Nachrichten über Messenger-Dienste, wie WhatsApp, Facebook, Snapchat oder Skype, am Tag kein Problem. Der Gedanke an ein spontanes Echtzeit-Gespräch löst bei jungen Menschen oft Angst aus. Das liegt primär am empfundenen Kontrollverlust. Zeiteffizienz ist zudem gefragt. Beim Schreiben kommt man schneller auf den Punkt und spart sich den Smalltalk am Beginn. Millennials wollen selber entscheiden, wie und wann sie auf eine Nachricht antworteten. Telefonieren finden sie unflexibel und angerufen zu werden, ist für sie unhöflich, das stört vorwiegend.

- Jean M. Twenge, eine Wissenschafterin der Universität San Diego, fand heraus, dass die Jugend von heute später erwachsen wird. So habe sich die Grenze von 18 auf 25 Jahre verschoben. Der Trend sei unabhängig vom Geschlecht, dem Wohnort oder sozioökonomischen Faktoren feststellbar. Was die Aktivitäten angeht, so sind heute 18-Jährige so wie früher 15-Jährige. Teenager warten heute länger, bis sie mehr Verantwortung übernehmen. Ein Grund dafür könnten die Helikopter-Eltern sein. Sie versuchen, ab der Geburt das „Beste" aus den Kindern herauszuholen und kontrollieren das Leben bis ins kleinste Detail.

- Die ersten Menschen, die mit der Digitalisierung aufgewachsen sind, kaufen weniger Autos. Das Statussymbol auf vier Rädern wird abgewählt. So legen in den europäischen Großstädten bis zu 30 Prozent der jungen Menschen keine Führerscheinprüfung mehr ab. Junge, urbane Menschen wollen eher kein Auto besitzen, weil der Besitz sie einengt. Er nimmt ihnen das Gefühl von Unabhängigkeit und Flexibilität.

- Schon heute ist laut dem „Digital Commerce Magazin" bekannt, dass Millennials anders zum Geldausgeben angeregt werden müssen. Es rückt eine Käuferschicht nach, die zukünftig große Summen nicht mehr nur in teuren Einkaufsstraßen ausgeben möchte.

- Immer mehr junge Menschen wollen Produkte nicht besitzen, sondern teilen oder mieten. Den Millennials geht es dabei vor allem um Freiheit. Sie wollen sich nicht durch Konsum binden und einschränken lassen. Sie wenden sich Dienstleistungen zu, die wir als „Sharing Economy" bezeichnen. Dieses Konsumverhalten macht sich auch an der Börse bemerkbar. Herkömmliche Unternehmen verlieren.

- Unternehmen, die mit den Millennials in Kontakt bleiben wollen, richten ihren Fokus nicht nur auf die Technik, sondern auf kommunikative Fähigkeiten. Millennials haben völlig andere Aufmerksamkeitsspannen und sind perfekt darin, aus kurzen Sequenzen Informationen zu entnehmen. Millennials langweilen sich aber auch schnell. Die Art der Kommunikation wird mehr und mehr zum Geschäftsmodell. Millennials wollen ernst genommen werden. Langweilige Phrasen durchschauen sie und wählen sie ab.

- Die Millennials fordern ein, dass sie so gesehen werden wie sie sind: Soziale Wesen mit einer besonderen Geschichte. Das Leben an sich steht bei ihnen im Mittelpunkt. Millennials kaufen beispielsweise Erlebnisse und Reisen (Event, Tourismus), Sinn und Werte (Sharing-Gedanke, Mikrokredite), Wohnraum und Emotionen (Immobilien nach Lage, Stil).

Die Millennials leben aber nicht nur in unserer Gesellschaft, sie arbeiten natürlich auch. Oder machen sie beides gleichzeitig?

Definitely Maybe.

– Oasis

Millennials in der Arbeitswelt

Die Millennials strömen mehr oder weniger in das Arbeitsleben. Wir lernen damit umzugehen. Auf jeden Fall! Vielleicht. Simon Sinek erzählt in Interviews und auf der Bühne die Geschichte der Millennials aus seiner Sicht: *Den Mitgliedern der*

Generation, die wir Millennials nennen, wurde immer wieder gesagt, sie seien etwas Besonderes. Ihnen wurde gesagt, sie könnten alles haben. Nur weil sie wollen.

Diese Menschen beenden also Schule und Studium, bekommen einen Job und dann finden sie heraus, dass sie nichts Besonderes sind. Ihre Mütter können ihnen keine Beförderung geben oder einen Job herbeizaubern. Und man bekommt in der Arbeitswelt auch nichts, nur weil man es will. In nur einem Moment ist ihr gesamtes Weltbild zerstört.

Es gibt also eine ganze Generation, die in einer Facebook-Instagram-Welt aufwächst. In anderen Worten: die sind gut darin, Filter über Dinge zu legen. Gut darin, Leuten zu zeigen wie toll das Leben ist, selbst dann, wenn sie deprimiert sind.

Und dann kommt noch die Technologie dazu. Wenn wir uns täglich mit Social Media und dem Handy beschäftigen, setzt das in uns Dopamin frei. Darum fühlen wir uns gut, wenn wir eine Nachricht bekommen. Darum zählen wir täglich unsere Likes. Die geben uns einen Dopamin-Flash – der fühlt sich gut an, macht wie Rauchen und Trinken aber extrem abhängig.

Zu viele junge Menschen wissen nicht, wie man ernsthafte Beziehungen aufbaut. Sie geben zu, dass viele ihrer Freundschaften oberflächlich sind. Sie haben Spaß mit ihren Freunden, können sich aber nicht auf sie verlassen. Wenn sie wirklich Stress haben, wenden sie sich nicht an einen Menschen, sondern an ein technisches Gerät. Dann ist da noch die Ungeduld. Sie wachsen in einer Welt auf, in der alles schnell und leicht zu bekommen ist.

Um ein Date zu bekommen, muss man nicht einmal mehr lernen, wie man eine Person anspricht. Einfach am Handy nach rechts wischen! Bingo! Ich bin der König! Alles, was *man will, kann man sofort haben. Außer Befriedigung im Job und starke Beziehungen. Dafür gibt es keine App. Und wird es niemals eine geben.*

Was die junge Generation also lernen muss, ist Geduld, dass einige Dinge, die wirklich zählen, wie Liebe, berufliche Erfüllung oder Glück, Zeit brauchen.

Und wissen Sie, welche Erkenntnis daraus die allerwichtigste für Menschen in Führungsverantwortung ist? Wir müssen diese neuen Generationen unterstützen! Manche von Ihnen haben als Eltern diese jungen Menschen zu einem Teil so mitsozialisiert. Manche von Ihnen sind ein Vertreter der Generation Y oder Z. Wie auch immer, in rund zehn Jahren bestehen 75 Prozent der Menschen in der Wirtschaft aus den jungen Generationen.

Wir könnten großartig daran verzweifeln, dass offensichtlich Parallelwelten an Ansprüchen bestehen. Hier eine Wirtschaft oder Wirtschaftspolitik, die einen Zwölfstundenarbeitstag umsetzt, diametral gegenüber eine Jugendkultur, die das Chillen als hohes Ziel hat. Eine Generation, die schnell in einer Like- und Dislike-Mentalität urteilt, aber selbst oft mit Samthandschuhen angegriffen werden will. Da existieren tatsächlich Parallelwelten. Parallelen, sagen Mathematiker, treffen sich in der Unendlichkeit. Ich ergänze: Diese Parallelen treffen sich in der Zukunft vielleicht nie.

Heute kann sich keine Führungskraft erlauben, diese Tatsache zu verneinen. In der Zeit, die wir „War for Talents" nennen, braucht es Realitätssinn und viel persönliches Engagement. Die sogenannten neuen Generationen sind speziell. Sie erreichen diese nur über ihre ganz persönlichen Zugänge.

3.6 Talente finden

Umarmen Sie den Wandel,
bevor er Sie überrollt.

– *Tom Peters*

War for Talents

Manche Unternehmen betreuen ihren Fuhrpark besser als ihre Mitarbeiter. Das geschieht trotz drängender Probleme, wie mangelnde Bewerberzahlen und hohe Fluktuation. Gleichzeitig verspüren viele potentielle Mitarbeiter wenig Lust, Masseninserate zu durchsuchen. Sie haben auf den War for Talents-Modus umgeschaltet. Sie denken sich: Wenn ein Unternehmen jemanden wie mich sucht, wird es mich schon finden. Und klarerweise muss dieses Unternehmen über ein gutes Image verfügen. Ansonsten ist es nicht attraktiv für Talente.

Viele Führungskräfte negieren den Kampf um die jungen Talente, in dem wir uns gerade befinden und vermutlich sehr lange befinden werden. Wenn diese Führungskräfte den Wettkampf um die talentierten Leute endlich aufnehmen wollen, sind sie auf verlorenem Posten.

Wenn ein Unternehmen heute auf ein explizites Bewerbungsschreiben verzichtet, um Bewerber leichter anzuziehen, ist das nur eine Symptombehandlung dafür, dass es zu wenige Bewerber hat.

Die Ursachen für fehlende Bewerber liegen in:

- unattraktiven Arbeitsbedingungen
- angestaubtem Image
- schlechter Bezahlung
- fehlender sozialer Anerkennung
- uninteressanten Werten des Unternehmens

Wer diese Auflistung genau liest und diesen Punkten im Unternehmen klar entgegensteuert, wird zukünftig mehr Bewerbungen vorliegen haben als jene, die das nicht machen. Wer die Dinge lieber negiert, hat keine Chance auf zukunftsfähige Mitarbeiter.

Diesen War for Talents-Begriff bringen wir naturgemäß mit den jungen Generationen in Verbindung. Tendenziell sind aber ausgezeichnete Mitarbeiter jeder Altersgruppe stark nachgefragt und heiß umworben.

Ich erlebe zwei Welten, wenn Unternehmen geeignete Kandidaten suchen:

Welt 1: Wenn ich für bestimmte Beratungskunden Mitarbeiter für Spitzenpositionen vermittle, suchen viele von ihnen nur im Alter der ab Fünfzigjährigen. Natürlich weiß ich, welche ausgezeichneten Leistungen die vermittelten 50 Plus-Mitarbeiter abrufen können.

Welt 2: Bin ich für den anderen, größer werdenden, Teil meiner Kunden tätig, höre ich dort etwas völlig anderes: „Haben Sie keine jüngeren Kandidaten als Vierzigjährige?"

Ich hege keinerlei Vorbehalte gegenüber einerseits älteren oder andererseits jüngeren Bewerbern. Gemischte Teams aus Alter, Geschlecht, Ausbildung, Sozialisation und Nationalität erzielen die besten Resultate, denn unsere Welt ist genauso.

Die beiden skizzierten unterschiedlichen Welten sind nur bezeichnend für die Denkweisen von Organisationen. Richten wir den Blick auf die jungen Talente, so muss es uns gelingen, die Talentsuche auf ein anderes Niveau zu heben.

Wie finden Sie junge Talente?

- Seien Sie immer auf der Suche nach und offen für Talente.
- Suchen Sie einen frühen Kontakt. (Vor Schul- oder Studienabschluss)
- Seien Sie möglichst nahe an der Lebenswelt und an der Kultur der Talente.
- Suchen Sie auf allen verfügbaren Plattformen.
- Suchen Sie nach Wegen, passive Kandidaten zu erreichen.
- Leben Sie eine enge Zusammenarbeit mit Schulen, Hochschulen und Universitäten.
- Bieten Sie eine attraktive Aus- und Weiterbildung an, zeigen Sie Entwicklungswege auf.
- Fördern Sie Maßnahmen, die den Ausgleich zwischen Familie und Beruf erleichtern.

Unternehmen, die Personal suchen, müssen sich auf eine Realität einlassen: Nur wer ein gutes Image hat, kann dieses zerstören. Das Image Ihres Unternehmens wird mehr und mehr zum Erfolgsfaktor in der Personalsuche. Wer nicht attraktiv auftritt oder als attraktiv wahrgenommen wird, hat keine Chance.

Neben den War for Talents-Anforderungen treffen Sie tagtäglich auf Anforderungen einer Generation, die sich dem Ende des Arbeitslebens nähert. Das sind Organisationsmitglieder mit ebenso berechtigten Bedürfnissen. In einer Führungsposition müssen Sie es schaffen, aus der neuen und alten Arbeitswelt das Beste zu machen.

3.7 Der Clash der Generationen

*Das Problem mit der
heutigen Jugend ist,
dass man selbst nicht
mehr dazugehört.*

– Salvador Dali

Der Clash der Generationen

Eine Generation muss sich von ihrer Vorgeneration unterscheiden. Das liegt in der Natur der Sache. Die Unterschiede werden je nach Generationenübergang verschieden sichtbar. Fragen Sie mich nicht, wann genau aus Sex, Drugs und Rock´n Roll eigentlich Laktoseintoleranz, Veganismus und Helene Fischer geworden ist. Manches passiert fließend, manches sprunghaft.

Wir erleben heute vier Generationen am Arbeitsplatz. Diese heißen, Babyboomer, Generation X, Generation Y und Generation Z. Jede davon hat ihre Stärken und Schwächen. Diese gilt es im Unternehmen vorteilhaft zu vereinen. Zu verstehen, wie man mit ihnen umgeht, wird zum Erfolgsfaktor. Da kommen seit Jahrzehnten überpünktliche Mitarbeiter in Anzug, Krawatte und schön geputzten Schuhen ins Büro. Jetzt sitzt solchen verdienten und eher konservativen Menschen jemand aus der freizeitorientierten Sneakers-Generation der digitalen Individualisten gegenüber.

Unterschiedliche Branchen setzen oder setzten bislang einen gewissen Dresscode voraus. Goldman Sachs lockerte die eigenen Bekleidungsvorschriften für die Mitarbeiter. Das hat einen guten Grund. Goldman Sachs zielt darauf ab, die Firmenkultur den jüngeren Angestellten anzupassen. Mehr als drei Viertel gehören zu den Millennials. Ein lockerer Dresscode ist ein Aspekt, mit dem man als Arbeitgeber für Mitarbeiter attraktiv sein kann. Für die Technik- und Entwicklungsabteilung lockerte Goldman Sachs den Dresscode bereits zwei Jahre früher. Das war nötig, um ausgezeichnete Programmierer begeistern zu können. Die Konkurrenz durch Google und Apple ist besonders groß, weil der Dresscode dort besonders leger ist.

Der Clash der Generationen wird auch zu einer Art Glaubensfrage beim Equipment. Da prallen Meinungsverschiedenheiten und Überzeugungen aufeinander. Der Beginn meiner digitalen Existenz war ein Notebook mit Microsoft-DNA. Irgendwann faszinierte mich die klare und einfache Apple-Welt. Sie ist schnell, schön und in der Lage, intuitive Lösungen ohne Bedienungsanleitung anzubieten. Ältere Mitarbeiter sind meist Microsoft-Anhänger. Viele junge Menschen fragen sich, warum wir die Apple-Methode nicht viel mehr nutzen, um Probleme zu lösen: kreativ und simpel, lösungs- und kundenorientiert, intuitiv und schön.

Ob sich ein wertkonservativer älterer Mitarbeiter am jüngeren Individualisten stört oder umgekehrt, ist nicht die Frage. Sie brauchen ohnehin beide im Unternehmen. Ihre Kompetenz als Führungskraft besteht dafür aus zwei divergierenden Fähigkeiten. Einerseits müssen Sie die Generationen Y und Z in die Arbeitswelt integrieren. Andererseits ist es erforderlich, jene, die sich bald verabschieden könnten, noch gesund und motiviert im Unternehmen zu halten.

Bei aller Wertschätzung den arrivierten Mitarbeitern gegenüber, die neuen Mitarbeiter brauchen ihren Raum und ihren Lifestyle im Unternehmen. Der Kommunikation kommt dabei eine bedeutende Funktion zu. Zeitgemäße Kommunikation baut Brücken zwischen den Parallelwelten der Generationen. Wenn wir den „Y- und Z-Menschen" für unsere gemeinsame Zukunft etwas zutrauen, profitieren wir zukünftig alle.

3.8 Zukunftsfaktor Jugend und digitaler Zeitgeist

Wir sind der Wandel,
auf den wir gewartet haben.

– Barack Obama

Zukunftsfaktor Jugend

Der Zukunfts- und Wirtschaftsfaktor Jugend wird heute vernachlässigt. Medien, Politik und Wirtschaft übertreffen sich oftmals in wichtigmachenden und inhaltslosen Darstellungen über die Generationen Y und Z. Wie oft hören wir, die Jugend kann doch nichts mehr. Kopfrechnen, Hausverstand, Grüßen und vieles andere werde schmerzlich vermisst. Allen Pessimisten kann ich nur sagen, die Jugend kann sehr viel. Da programmieren noch nicht einmal Schulabgänger ihre eigene App. Eine Präsentation auf Keynote oder PowerPoint zu erstellen, entlockt den jungen Menschen ein mildes Lächeln. Sie haben radikal mehr Wissen beziehungsweise Wissenszugang als ihre Großelterngeneration. Und sie haben etwas Wesentliches auf ihrer Seite. Die Macht der Demographie.

Die richtige Einordnung und die richtige Führung der nachwachsenden Generationen entscheiden über die Performance eines jeden Unternehmens. Die jungen Talente tätigen Aussagen, die arrivierten Unternehmen den Atem nehmen: *Keinesfalls werde ich bei diesem Unternehmen einsteigen. Ich katapultiere mich doch nicht 30 Jahre zurück.* Eine Studentin sagte mir klipp und klar: *Ich begebe mich definitiv auf keine Zeitreise!* *Können sie sich denn vorstellen, welcher Status quo mich in diesem Unternehmen in den Feldern Human Resources, Kommunikation, Führung, Arbeitsbedingungen und Kultur erwarten würde?* Ja, ich kann mir das vorstellen, Und ja, ich verstehe das nur zu gut, dass diese junge Frau das ablehnt. Die Jugend verzweifelt ein wenig an der Wirtschaftswelt. Viele haben das Gefühl, die Unternehmen haben sich wie ein Ufo von den Menschen entfernt. Zu viele Führungspersonen haben führungstechnisch 1.000 Inseln, aber sehen nie Land.

Davon dürfen wir uns nicht entkoppeln. Die Jugend ist zu wichtig. Sie ist unser einziger Mitstreiter für die digitale Gegenwart und Zukunft.

Digitaler Zeitgeist

Wer digital vorne dabei sein will, fragt nicht nach dem Preis und den Auswirkungen der Volldigitalisierung. Durch die Digitalisierung werden Überzeugungen, die uns jahrzehntelang begleitet haben, pulverisiert. Die Trends der Zeit besitzen enorme Kraft. Niemand kann sich dem entziehen.

Digitale und aalglatte Welten schlagen scheinbar die altmodische und authentische Wirklichkeit im Beziehungsleben. Wofür die Digitalisierungsgläubigen Simon Sinek heute huldigen, wurde Falco vor gut zwei Jahrzehnten gehasst. Sinek beschreibt, wie Tinder und andere Systeme funktionieren und unser Beziehungsleben verändern. Falco sang über „Cyberlove" im Internet: *Kein Bedarf an Emotionen. Virtuelle Erektionen ...* Damit erspürte Falco intelligent und kritisch, dass Beziehungsunfähigkeiten und Emotionslosigkeiten breiten Raum einnehmen.

Wir als Gesellschaft treiben diese Entwicklungen in der persönlichen Beziehungswelt, aber auch in der Wirtschaftswelt voran. Natürlich nicht wir alle, aber zumindest viele Vertreter der Generationen Y und Z. Viele glauben, berufliche und private Dinge erreichen zu können, weil sie es nur wollen. Mit diesen Mitgliedern der Gesellschaft müssen Menschen und Unternehmen umgehen lernen. Wohin sich der Zeitgeist auch entwickelt, am Ende des Tages ist Führung immer analog.

CONCLUSIO

Alles ist fertig.
Es muss nur noch gemacht werden.

Postdigitalisierung

Was nach der Digitalisierung kommt? Hierzu mangelt es an Vorstellungsvermögen und Willen. Derzeit sind wir als Gesellschaft dermaßen durchdigitalisiert, dass wir uns eine Zeit mit weniger Digitalisierung nicht vorstellen wollen und können. Die Hoffnung aber lebt. Dieser Digitalisierungshype muss und wird irgendwann wieder zurück gehen.

Eine Welt in angereicherter oder erweiterter Realität (Augmented Reality) darzustellen, finde ich nur langweilig. Aus dem Blickwinkel der Virtual Reality-Brille kann ich nichts Spannendes entdecken. Ich bin ein leidenschaftlicher Vertreter der Actual Reality. Eine Brille für Actual Reality ist einfach vorne offen. Eine Brille ohne Glas oder Bildschirm. Gehen Sie damit einmal in den Wald oder zum Teich. Das Credo lautet: Das sehen, was da ist, das angreifen und spüren, was da ist.

Die Digitalisierung schwebt heute in großer Gefahr. Was heute modern ist, beginnt morgen zu modern. Politiker kümmern sich mehr um ihre Likes als um die Sorgen und Probleme ihrer Bürger. Aber jenseits der digitalen Selbstgefälligkeiten lauern analoge Wirklichkeiten für die Wirtschaft.

Der Mensch braucht Kommunikation und Kultur. Das finde ich sehr sympathisch. Im Kommunikationszeitalter erleben wir paradoxerweise einen Mangel an zwischenmenschlicher

Kommunikation. Zwischen Bytes, Bits und Online sind wir oft genug allein. Irgendwann brauchen wir wieder mehr Gesichter, Stimmen und Persönlichkeiten. Wir brauchen etwas anderes. Etwas Reales: greifbar, spürbar, ... oder eben nur ein Lächeln im Gesicht des Gegenübers.

Analog ist das neue Bio – so klingt Zuversicht

Meine Überzeugung: Analog ist das neue Bio. Das analoge Verhalten wird unendlich wertvoll. Führung kann darauf niemals verzichten. Die menschliche Komponente entscheidet. Gefühle und Menschlichkeit lassen sich nicht digitalisieren. Der Mensch ist und bleibt die schönste und emotionalste Maschine. Und übrigens: Der Mensch programmiert die Maschine, nicht die Maschine den Menschen.

Die Digitalisierung ist in der Wirtschaft allgegenwärtig. Digitale Führung ist aber zugleich viel weniger Technologie und vielmehr Kultur als jemals erhofft. Das ist gut so. Das ist die Umkehr. Das ist der Weg hin zu den Soft Skills. Zuversicht basiert nicht auf Apps und Downloads. Zuversicht lässt sich nicht digital erfassen. Zuversicht ist mehr Zwischenmenschlichkeit und weniger Technologie. In digitalen Zeiten brauchen wir Generationenwissen, Geschichtswissen und das Wissen und Können im Wettbewerb um die jungen Talente.

Sachkompetenz allein ist zu wenig für eine neue Führungskultur. Die Kultur eines Unternehmens und der Umgang mit den Menschen in diesem Unternehmen lassen sich nicht digitalisieren. Die Digitalisierung ist in allererster Linie ein Kulturwandel. Die enorme Kraft der Unternehmenskultur gewinnt unter diesen Rahmenbedingungen schnell an Bedeutung.

Unternehmenskultur entscheidet

4.

Menschen ignorieren Organisationen, die Menschen ignorieren.

Warum Unternehmenskultur?

Die Kraft der Unternehmenskultur ist enorm. Im Positiven wie im Negativen treibt die Kultur die Organisation vor sich her. Unternehmenskultur kann als stärkster Beschleuniger unsere Organisation positiv nach vorne bringen und genauso gut ins Aus befördern. Nur zu gern borge ich bei Peter F. Drucker: *Kultur isst Strategie zum Frühstück* und Technologie zum Mittagessen.

Unternehmenslenker müssen sich fragen, wo will ich vorrangig investieren? Ist Strategie, Technologie oder Kultur maßgeblich? Für mich ist diese Entscheidung keine Entscheidung, weil es nur einen Weg geben kann ...

4.1 Die Entwicklung menschlicher Kultur

Es war einmal der Mensch

Wie hat sich die Menschheit und mit ihr die Kultur entwickelt? Viele Historiker, Philosophen und Anthropologen haben sich dieser Frage gewidmet.

So wollte Jean-Jacques Hublin wissen, was der entscheidende Schritt zum modernen Menschen war? Eine längere Kindheit! Der Homo erectus erreichte mit acht Jahren bereits seine volle Körpergröße. Als aber die Natur anfing, Kinder länger Kind sein zu lassen, setzte sie ein tiefgreifende Veränderung in Gang. Die Verlängerung der Kindheit war auch die Geburtsstunde dessen, was wir Kultur nennen.

Wenn man die unterschiedlichen Ansätze zur Entwicklung der Kultur vergleicht, stellt man fest, das Ergebnis ist oft ähnlich, die Benennung aber variiert. Dave Logan, John King und Halee Fischer-Wright haben es in ihrem Buch „Tribal Leadership" geschafft, die kulturellen Entwicklungsstufen zu verdichten und verständlich zu formulieren.

Dave Logan und seine Kollegen haben Menschen und Organisationen in extrem hoher Anzahl befragt. Sie werteten dazu ungefähr 24.000 Befragungen aus. Ihre Studie lief über nahezu zwei Jahrzehnte. Das erzielte Ergebnis bietet einen eindrucksvollen Überblick über die Kulturformen von Organisationen.

Das Modell basiert auf drei Ergebnissen:

1. Menschen organisieren sich in „Stämmen" (tribes). Diese Stämme sind in Gruppen von etwa 20 bis 150 Personen strukturiert. Bezogen auf die Wirtschaft kann das ein ganzes Unternehmen oder eine Abteilung sein. Neben Abteilungen können es auch einzelne Berufsgruppen innerhalb einer Organisation sein. Dies wird am Beispiel Krankenhaus ersichtlich: Ärzte, Therapeuten, Pfleger, Verwaltungspersonal, etc.

2. Stämme und auch einzelne Menschen lassen sich in fünf Stufen, die ein „Reifegradmodell" bilden, eingliedern. Je höher die Stufe, desto höher der Reifegrad. In größeren Stämmen existieren verschiedene Stufen oft parallel. Immer ist eine Stufe jedoch die bestimmende Kultur, die die Ausrichtung der Organisation ausmacht.

3. Die Stufen unterscheiden sich nach den Sprachen beziehungsweise nach den vorherrschenden „Weltbildern". Die Entwicklungsstufen lassen sich jeweils in einem bezeichnenden Kernsatz ausdrücken.

Die fünf Stufen der Kulturentwicklung nach Logan, King und Fischer-Wright:

STUFE	KERNSATZ	%	VERHALTEN	BEZIEHUNGEN
5	Life is great!	2	Unschuldiges Staunen	Team
4	We are great. They are not.	22	Stolz auf den Stamm	Partnerschaft
3	I am great. You are not.	49	Einzelkämpfer	Herrschaft
2	My life sucks!	25	Willenloses Opfer	Vereinzelung
1	Life sucks!	2	Verzweifelte Feindschaft	Entfremdung

- Stufe 1: „Life sucks!" – Das Leben ist deprimierend.
  Die Mitarbeiter sind frustriert. Das Leben als solches ist schlecht. Es ist nicht abzusehen, dass sich der Zustand verbessern wird. Es gibt kein Miteinander, nur ein Gegeneinander. Die Kultur ist ähnlich der von kriminellen Banden und verbrecherischen Organisationen. Macht beruht auf Angst und Einschüchterung. Charlie Chaplin sagte sinngemäß: *Macht braucht man nur, wenn man etwas Böses vorhat. Für alles andere reicht Liebe, um es zu erledigen.* Perspektiven sind auf Stufe 1 nicht möglich. Befehlsautorität und Arbeitsteilung sichern aber den Fortbestand.
  Jede fünfzigste Organisation befindet sich in dieser Entwicklungsphase.

- Stufe 2: „My life sucks!" – Mein Leben ist deprimierend. Die Mitarbeiter erkennen bei anderen ein gutes Leben. Ihr eigenes Leben aber gelingt wenig. Das führt oft zu Vereinsamung, denn auf Stufe 1 waren die Mitarbeiter noch mit den Kollegen in einem Boot. Die Stufe 2 führt zu Dienst nach Vorschrift. Neue Ideen werden belächelt. Eine klare Hierarchie und starke Kontrolle prägen diese Kultur. Die Vorteile aus den straffen Strukturen und Prozessen bieten aber Sicherheit und Stabilität. Eigene Initiativen und ein Veränderungswille sind aber Mangelware. Die Autoren teilen 25 Prozent aller Unternehmen in diese Kulturstufe ein.

- Stufe 3: „I am great. You are not." – Ich bin großartig. Du bist es nicht.

Den Organisationsmitgliedern geht es darum, was der berühmte Radrennfahrer Laurent Fignon so formuliert hat: *Wir fahren nicht Rennen, um selbst zu gewinnen, sondern um unsere Gegner verlieren zu lassen.* Die Kultur ist eine Kultur der Helden, die als Einzelpersonen Herausforderungen lösen. Wettbewerbsfähigkeit, Profit und Wachstum stehen im Fokus. Aber Profit alleine ist nicht erfüllend und führt zu Desinteresse. Die jungen Generationen spiegeln das den Unternehmen genauso zurück. Auf diesem Niveau verharren 49 Prozent der Organisationen.

- Stufe 4: „We are great. They are not." Wir sind großartig. Die anderen sind es nicht.

Der Entwicklungsschritt von Stufe 3 auf Stufe 4 ist enorm. Hier passiert eine wesentliche Veränderung: Zugehörigkeit tritt ein. Die Menschen halten zusammen und sind füreinander da. Das Wir steht so sehr im Mittelpunkt, dass es zu Abgrenzung kommen kann. Zugehörigkeit und Verbundenheit sind starke und motivierende Kräfte. Laut Dave Logan und Kollegen befinden sich 22 Prozent der Organisationen auf dieser Stufe.

- Stufe 5: „Life is great!" – Das Leben ist großartig. Diese Stufe erreichen Organisationen, die sich dem höchsten kulturellen Ziel verschreiben. Die Entscheidungen im Unternehmen tragen die sich selbst organisierenden Mitarbeiter. Ein hohes Engagement und die Intelligenz der Vielen entfalten sich. Es geht nicht nur darum, das eigene Unternehmen besser zu machen, sondern auch die Welt an sich. Die Mitarbeiter sehen sich selbst als Teil eines großen Ganzen. Lediglich zwei Prozent der Unternehmen befinden sich auf dieser Entwicklungsstufe.

Auf den Stufen 1 bis 3 ist „Low Performing" an der Tagesordnung. „High Performing" ist auf Stufe 4 und Stufe 5 möglich. Organisationen durchlaufen diese fünf Stufen nacheinander. Verschiedene Unternehmensteile können sich, wie oben erwähnt, auf unterschiedlichen Stufen befinden. Es ist nicht möglich, Stufen zu überspringen. Unter großem Druck und in Krisen ist meiner Ansicht nach die Gefahr gegeben, dass Organisationen regredieren. Ein Zurückfallen auf eine vorherige Stufe oder vorherige Stufen ist dann nicht auszuschließen. Zudem nehme ich an, dass eine offene und bewegliche Organisation die nächsthöhere Stufe jeweils leichter überwindet als eine starre Organisation.

Mit Hilfe dieses Models können Sie ihr eigenes Unternehmen einordnen. Wenn Sie Kultur interessiert, führt an diesem Modell kein Weg vorbei. Der kulturelle Zustand Ihrer Organisation lässt sich auch durch einfache Fragen näher bestimmen.

4.2 Was Unternehmenskultur ist, was sie ausmacht

Zwei Fragen an jede Organisation

Mit der Beantwortung zweier Fragen, die Sie an Ihr Unternehmen stellen, können Sie Ihren Status einordnen. Es kommt darauf an, wie stark die zwei abgefragten Elemente ausgeprägt sind.

Die Fragen, die sich jede Organisation stellen muss:

- Wie stark ist unser Warum ausgeprägt?
  (Warum machen Sie etwas?)
- Wie stark ist unser Wie ausgeprägt?
  (Wie machen Sie etwas?)

Schnell wird deutlich, welchen Einfluss diese beiden Ausprägungen auf den Unternehmensfokus und den erreichbaren Status haben.

FOKUS	Lenkung	Wissen	
Leadership	Status 3: **TRANSFORMATION**	Status 4: **KULTUR**	Warum groß
Struktur	Status 1: **MACHT**	Status 2: **MANAGEMENT**	Warum gering
	Wie gering	Wie groß	AUSPRÄGUNG

- Status 1: Wenn Organisationen nicht genau wissen, warum sie etwas machen und wie sie etwas machen, sind sie meistens dem System der Macht verfallen.

- Status 2: Wenn wirtschaftliche Einheiten das Wie genau kennen, aber das Warum aus den Augen verlieren, herrscht ein Managementdenken vor.

- Status 3: Wenn Organisationen genau wissen warum sie etwas, aber noch nicht so genau wissen, wie sie etwas machen, dann befinden sie sich in der Transformation.

- Status 4: Wenn Unternehmen das Warum und das Wie genau kennen, dann haben sie die höchste Form erreicht. Dann sprechen wir von Kultur, respektive Unternehmenskultur.

Zu dieser schematischen Einordnung können Sie sich fragen: Welcher Fokus und welcher Status sprechen Mitarbeiter besonders an? Ab welchem Status ordnen Sie in Ihrer Position Unternehmen als attraktiv und zukunftsfähig ein?

Nachdem ich hier Kultur als den höchsten Status einer Organisation eingeführt habe, geht es darum, die Unternehmenskultur näher einzuordnen.

Die Unternehmenskultur und ihre Modelle

Was die Kultur einer Organisation ist und was sie ausmacht, wird breit diskutiert. Es gibt viele Versuche, Unternehmenskultur zu beschreiben. In Vertretung wissenschaftlicher Definitionen nenne ich jene von Edgar H. Schein, der als der Wegbereiter der Forschung zu Organisationkultur gilt: *Kultur ist die Summe aller gemeinsamen und selbstverständlichen Annahmen, die eine Gruppe im Laufe ihrer Geschichte erlernt hat. Sie ist der Niederschlag des Erfolgs.* Anmerkung: Der Erfolg kann positive oder negative Ausprägungen mit sich bringen. Die theoretischen Ansätze von Organisations- und Unternehmenskultur werde ich in diesem Buch keinesfalls überstrapazieren. Die Theorien basieren letztlich darauf, dass der Kulturbegriff der Menschheit auf Organisationen und Unternehmen übertragen wird.

Im Endeffekt betrachten wir Unternehmen wie eine Miniaturgesellschaft. Die Unternehmenskultur bezieht sich auf das Denken und Handeln der Mitarbeiter und Führungskräfte. In einem komplexen System wirken Werte, Normen, Verhaltensstrukturen und das Selbstverständnis des Unternehmens zusammen. Eine Unternehmenskultur wird nicht nur von Einzelpersonen oder Teams innerhalb des Systems geformt. Die Kultur hängt auch stark von gesellschaftlichen, kulturellen und wirtschaftlichen Wertvorstellungen außerhalb der Organisation ab.

Wir können starke und schwache Unternehmenskulturen unterscheiden. Je besser die Vernetzung und der Zusammenhalt im Unternehmen sind, umso stärker und somit wirksamer ist die Unternehmenskultur. Dass sich Unternehmenskultur nicht immer bewusst und beabsichtigt entwickelt, dürfen wir bei allem Optimismus nicht übersehen.

Unternehmenskultur bedeutet letztlich das Einbinden der beteiligten Menschen. Dabei müssen Werte wie Fairness, Großzügigkeit und Vertrauen spürbar vorhanden sein. Das Team an sich bildet die Grundlage für jeden Erfolg. Deshalb ist das Einbinden jedes Einzelnen so wichtig.

Unternehmenskultur muss vieles leisten. Sie steht deswegen im Zentrum umfangreicher Analysen und Forschungen. In aller Kürze fasse ich einige Modelle zusammen, mit deren Hilfe sich Unternehmenskultur beschreiben und analysieren lässt.

Modelle der Unternehmenskultur:

- Das Kulturebenen-Modell nach Schein bildet die Grundlage für viele weitere Modelle. Es teilt die Unternehmenskultur in drei Ebenen ein: Grundannahmen, Werte und Normen, Artefakte

- Das Kulturmodell nach Hatch ergänzt das Modell von Schein durch die Ebene der Symbole. Die Unternehmenskultur wird mehr als ein Prozess betrachtet.

- Das Eisbergmodell nach Hall betont, dass viele Faktoren der Unternehmenskultur unsichtbar sind. Die unsichtbaren Elemente bilden die Voraussetzung für die sichtbaren und stützen sie.

- Das 7-S-Modell nach Peters und Waterman betrachtet nicht die Unternehmenskultur allein, sondern das ganze Unternehmen.

Ohne diese Modelle zu bewerten, ist eines klar, das Klima in einer Organisation schaffen immer die Menschen. Ohne Ausnahme gilt dies für Arbeiter, Angestellte, Führungskräfte und Mitglieder der Geschäftsführung. Alle tragen dazu bei, positiv oder negativ. Die meisten Schwierigkeiten und Problemlagen eines Unternehmens entstehen nicht durch produktionstechnische oder organisatorische Unwägbarkeiten. Probleme entstehen dadurch, wie die Menschen miteinander umgehen. Dieser Umgang ist wiederum durch die Unternehmenskultur mitbestimmt. Und die Unternehmenskultur selbst baut auf einer tragfähige Unternehmensphilosophie auf.

Unternehmensphilosophie und Unternehmenskultur – eine Abgrenzung

Die Unternehmensphilosophie muss allen bewusst sein. Sie bildet eine beachtliche Ressource und die Basis der Unternehmenskultur. Die Philosophie ist für ein Unternehmen derart fundamental, dass sie, wenn überhaupt, nur vereinzelt verändert wird. Sie ist nicht nur ein Lippenbekenntnis, sondern eine grundlegende strategische Gestaltungskraft.

Die Unterscheidung von Philosophie und Kultur wird im SOLL- und IST-Charakter sichtbar:

* Unternehmensphilosophie –
  SOLL-Charakter der Organisation

  Durch die Auseinandersetzung mit den eigenen Wertvorstellungen definieren Unternehmen ihre Rolle. Wer wollen wir sein? Wer wollen wir nicht sein? Was bewirken wir für das Unternehmen und die Gesellschaft? Wie lautet unsere Einstellung zu Wachstum und Gewinn, Wettbewerb und technischem Fortschritt? Welche Verantwortung tragen wir gegenüber den Mitarbeitern und Eigentümern?

* Unternehmenskultur –
  IST-Charakter der Organisation

  Sie beschreibt den Stand der Dinge oder das erreichte Niveau. Unternehmenskultur ist kein Ausgangspunkt, sondern das Ergebnis von Prozessen über Generationen hinweg. Als Unternehmenskultur lässt sich daher die Gesamtheit der tatsächlich gelebten Werte und Normen bezeichnen.

James Collins und Jerry Porras von der Stanford University erforschten, weshalb Unternehmensphilosophien in fortschrittlichen Unternehmen funktionieren. Das Ergebnis ist eindeutig: Erstens haben sozialpsychologische Forschungen belegt, dass Menschen, die sich offiziell zu einer bestimmten Überzeugung bekennen, viel stärker in Einklang mit dieser Überzeugung handeln. Zweitens belassen es visionäre Unternehmen nicht bei der Erklärung einer Philosophie. Vielmehr ergreifen sie Maßnahmen, um die Philosophie im gesamten Unternehmen zu ermöglichen.

Eine Unternehmensphilosophie, die als Norm und Motivationsquelle für alle Mitarbeiter dient und relativ konstant bleibt, ist ein wesentliches Element eines vorausblickenden Unternehmens. Für kleinere Unternehmen ist interessant, dass einige Organisationen bereits von Anfang an eine Unternehmensphilosophie haben. Andere definieren ihre Philosophie erst nach einer Anlaufphase, oft erst ein Jahrzehnt nach der Gründung, aber bevor sie zu Großunternehmen werden. Je früher Sie eine tragfähige Unternehmensphilosophie formen, umso besser steht es um die Entwicklung Ihres Unternehmens.

Die Grundphilosophie eines Unternehmens hat mehr Einfluss auf seine Leistungsfähigkeit als technologische oder finanzielle Ressourcen. Alle Organisationsmitglieder sollen das Wertesystem leben, ohne dass gleich jeder von der Philosophie restlos durchdrungen sein muss.

Tom Peters und Robert Waterman finden, ein klares Wertesystem aufzubauen ist Schwerarbeit, doch irrsinnig lohnend für alle Beteiligten. Machen wir uns Gedanken über unser Wertesystem und wofür das Unternehmen steht. Spitzenunternehmen besitzen genau umrissene Leitvorstellungen. Setzen wir

Zeit und Engagement ein, um Werte zu erarbeiten. Mitunter gibt es schmerzhafte Entscheidungen, da Mitarbeiter die Werte nicht verstehen oder befolgen und wir uns von ihnen trennen müssen. Das ist unvermeidbar und für beide Seiten besser so.

Eine Philosophie, die über rein ökonomische Erwägungen hinausreicht, ist in vielen weitblickenden und erfolgreichen Unternehmen zu entdecken. Unternehmen mit ausschließlich finanziellen Zielen unterliegen Unternehmen mit einem breiten Wertespektrum. Fragen Sie sich: Wie schaffen Sie eine Unternehmensphilosophie, die über finanzielle Beweggründe hinausgeht?

4.3 Funktionen und Ziele der Unternehmenskultur

Die aktive Gestaltung von Unternehmenskultur ist ein Erfolgsgarant und Wettbewerbsvorteil.

Warum Unternehmenskulturen funktionieren

Eine meiner ehemaligen Studentinnen von einer deutschen Hochschule rief mich zum Eintrittszeitpunkt in ihren zweiten Job nach dem Wirtschaftsstudium an. Es ging um eine Vortragsanfrage ihrer Unternehmensleitung an mich. Auf meine Frage, wie denn ihre neue Firma so wäre und wie es ihr gefiele, kam ihre spontane Antwort: „Diese Kultur hatte ich gesucht! Modern, nicht verstaubt, dynamisch." Sie plauderte mit einer Freude los und überschlug sich dabei. Das Produkt war für sie völlig uninteressant. Sie werde auf jeden Fall wegen der Kultur bleiben, war ihr Abschlussstatement. Ich erfuhr dann gerade noch, dass es sich um einen IT-Konzern handelte.

Bislang prüften Unternehmen ihre Bewerber und deren Passung zur Organisation. Je größer die Passung, desto positiver sind die unternehmerischen Effekte auf: Produktivität, Mitarbeiterzufriedenheit, Verweildauer, Kundenumgang oder Teamarbeit. Heute wägen Bewerber hingegen selbst sehr stark ab, ob ihnen die Kultur eines Unternehmens zusagt. Der Fachbegriff dafür lautet „Cultural Fit". Eine interne Umfrage unter 720 Mitarbeitern bei Brunel ergab: Für die Arbeitgeberwahl sind die Kultur mit 98 Prozent und die Rahmenbedingungen mit 91 Prozent ausschlaggebend.

Cultural Fit meint nicht ein „Wohlfühlen" im leistungsfernen Sinne. Organisationen, die eine wertebasierte Kultur bieten, sind laut Collins und Porras etwa sechsmal erfolgreicher als andere. Die Unternehmensbewertungen entwickeln sich rund 15-mal so erfolgreich. Argumente, bei denen auch der härteste Controller hellhörig werden müsste. Eine Kultur ist gewissermaßen eine Überzeugung. Menschen handeln, sobald sie sich zu einer Kultur bekennen, stark im Einklang mit dieser Überzeugung.

Zukunftsfähige Organisationen wissen: Unternehmenskultur ist unbestritten ein zentraler Wettbewerbsfaktor. Neue Strategien, Optimierungen oder leistungsstärkere Systeme sind im Wettbewerb hilfreich. Dadurch gelingt es jedoch kaum, Einstellungen und Verhaltensweisen zu verbessern. Optimierte Technologie und Prozesse entwickeln die Zusammenarbeit zu wenig weiter. Mit technokratischen Optimierungen alleine ist das Überleben einer Organisation nicht mehr gewährleistet. Das Credo, keine Fehler zu machen, greift zu kurz.

Der Profi macht nur neue Fehler.
Der Dummkopf wiederholt seine Fehler.
Der Faule und der Feige machen
keine Fehler.

– Oscar Wilde

**Unternehmenskultur als Überlebensfrage –
Tradition hat nur Sinn, wenn der Wille zu
noch größeren Taten vorhanden ist.**

Ihre Unternehmenskultur ist unmittelbar mit der Fehlerkultur verknüpft. Mit Fehlern konstruktiv umzugehen und diese als Vorteil und Ressource zu sehen, ist überlebenswichtig. Eine reine Fehlervermeidungskultur ist keine erstrebenswerte Haltung und keine gute Tradition. Langfristige Überlebensfähigkeit sieht anders aus. Das Risiko auf Fehlervermeidung zu setzen, ist heute viel zu groß. Alles Zukünftige hat Chancen und Risiken. Wer beides vermeidet, hat keine Zukunft.

In der digitalen Revolution ist ohne eine zukunftsfähige Unternehmenskultur alles verloren:

- Eine jede Unternehmenskultur, auch Ihre, klärt die Vertrauensfrage, die sich Mitarbeiter, Kunden, Lieferanten, Ihre Branche und die Öffentlichkeit stellen. Ohne Vertrauen gibt es keine überdauernden Geschäftsbeziehungen.
- Ihre Unternehmenskultur unterstützt oder blockiert die Übernahme aktueller Entwicklungen. Ihr Unternehmen ist dann mit dabei oder einfach raus. Ihre Kultur trägt zur Anpassungs- und Reaktionsfähigkeit Ihres Unternehmens bei. Heute entscheidet die Geschwindigkeit. Neuausrichtungen nur gemächlich anzugehen, ist zu wenig.

- Eine tragfähige Unternehmenskultur hält die Spannung von Tradition und Neuausrichtung aus. Das höchste Ziel von Tradition ist Identität. Gibt Ihre Kultur Identität, dann hält sie zusammen. Ansonsten überwerfen sich Tradition, Status quo und Neuausrichtung.

- Ohne eine attraktive Unternehmenskultur ist Ihre Organisation kein attraktiver Arbeitgeber. Einerseits verlieren Sie dadurch arrivierte Mitarbeiter, andererseits haben Sie keine Chance, an die jungen Talente heranzukommen.

Wenn Sie Ihre Unternehmenskultur aktiv und nachhaltig gestalten, wird Ihre Organisation im VUKA-Umfeld Ihre Ziele erreichen und überleben. Wenn das nicht gelingt, dann wird Ihre Kultur zum Hindernis. Sie müssen es schaffen, Ihre Kultur zum positiven Beschleuniger Ihrer Organisation zu machen.

Kultur ist entweder das größte Hindernis oder der stärkste Beschleuniger.

– Dennis Lotter

Ziele der Unternehmenskultur

Die Kultur muss das Gesamtziel des Unternehmens unterstützen. Eine Unternehmensstrategie kann absolut brillant formuliert sein, wenn die Unternehmenskultur ihr entgegensteht, lässt sich diese Strategie aber nicht umsetzen. Die eigene Kultur sollte mit ihren Werten und Visionen im Bewusstsein aller Organisationsmitglieder verankert sein.

Eine wirkungsvolle Unternehmenskultur leistet Positives und hat diese Ziele:

- Identifikation und Zukunftsorientierung bieten
- Engagement der Mitarbeiter und Führungspersonen hoch halten
- Wettbewerbsvorteile durch Kommunikation sicherstellen
- Stabilisierung und Zusammenhalt gewährleisten
- Schnelligkeit durch Vertrauen schaffen
- Problem- und Konfliktlösung umsetzen
- Kundenumgang und Servicegedanken etablieren
- Nährboden für Ideen und Innovationen ermöglichen

Mitarbeiter fühlen sich in einer starken Kultur einfach besser, weshalb sie in dieser auch konsequenter und härter arbeiten. Das ist auch außerhalb der Organisation erkennbar. Jede Unternehmenskultur lebt nach außen weiter.

Der innere Zustand nach außen gelebt

Eine bestehende suboptimale Unternehmenskultur wird oftmals mit Händen und Füßen verteidigt. Das beginnt und endet schon bei der Einrichtung der Büros (Office Design) und Arbeitsplätze. Eine offene und kommunikative Kultur ist für mich stets beim ersten Unternehmensrundgang klar erkennbar, wenn es sie gibt.

Eines gilt quer über alle Branchen: Unternehmen, die den digitalen Kulturwandel zur Chefsache machen, können Veränderungen besser umsetzen. Führungskräfte begeistern ihre Belegschaft wirksamer, wenn der Wandel von oben vorgelebt wird.

Eine klare Unternehmenskultur macht den inneren Zustand des Unternehmens deutlich. Vieles wird sichtbar. Wie die Dinge laufen, was dafür getan wird. Wie Mitarbeiter sich als Teil des Ganzen fühlen oder auch nicht. Intern hat eine motivierende Kultur einiges zu bieten. Werden Vorschläge nicht von oben abgelehnt, sondern gefördert, haben die Mitarbeiter eher den Mut, Ideen anzusprechen. Aus scheinbar verrückten Ideen ist nicht nur einmal ein Weltmarktführer entstanden.

Die interne Unternehmenskultur lebt nach außen weiter. Wer von seinem Arbeitsplatz begeistert ist, strahlt das gegenüber Kunden, Geschäftspartnern und Zulieferern aus. Mehr noch, ausgezeichnete Unternehmenskulturen schaffen es bis in die Gespräche mit Familie und Freunden.

Die Kultur wird auf viele Arten wahrgenommen:

- Wie durchlässig oder undurchlässig sind die Hierarchien?
- Wie stark ist die Leistungsorientierung ausgeprägt?
- Welche Botschaften werden in den sozialen Netzwerken vermittelt?
- Welcher Umgangston und welche Kommunikation existieren?
- Wie wird Ideenfindung angeregt und gefördert?
- Wie funktioniert das Beschwerdemanagement?
- Wie wird eine Feedback- und Fehlerkultur in den Alltag integriert?
- Wie locker oder vorgegeben sind Verhaltensstandards und Kleidungsstil?
- Welche Kontaktmöglichkeiten bietet das Unternehmen in der realen und welche in der digitalen Welt?
- Wie sieht die Einstellungs- und Entlassungskultur aus?
- Lebt das Unternehmen Wertschätzung?

Eine Anmerkung zur Aufnahme- und Entlassungskultur: Die Einstellung und auch die Entlassung sind extrem wichtige Momente. Dadurch bleiben Arbeitgeber stark in Erinnerung. Ein gut strukturiertes und wertschätzendes Entlassungsgespräch ist die Basis für eine eventuelle Rückkehr unter anderen Vorzeichen. Darüber hinaus darf nicht vergessen werden, dass sich Informationen unter Kollegen stets unkontrolliert verbreiten. Wird also ein entlassener Mitarbeiter mit Wertschätzung und Respekt behandelt, fördert dies den positiven Eindruck bei bestehenden Mitarbeitern.

Die Unternehmenskultur ist nur so gut, wie sie von denen, die sie tragen, auch als die ihre empfunden wird. Wirkung nach außen bedeutet, dass die Kultur der Organisation die Kultur der Gesellschaft prägt. Das Klima, das wir schaffen, geht weiter.

Worauf sind wir
die Antwort?

Exkurs:
Leitbild und Leitsätze

Im Alltag kann keine Organisation der Welt ihre Unternehmensphilosophie in mehrseitigen Unterlagen kommunizieren. Gerade heute, im Zeitalter der schnellen und verkürzten Kommunikation, geprägt durch Social Media, akzeptiert dies niemand mehr.

Zukunftsfähige Unternehmen informieren ihre Ansprechpartner in übersichtlicher Form, sie kommunizieren nach innen und außen in klarer Sprache und mit einer Stimme. Die Zeit der Floskeln und Absichtserklärungen ist vorbei. Die Akzeptanz dafür befindet sich im Sinkflug. Wer heute noch Floskeln toleriert, ist kein Wegbegleiter für die Zukunft.

Wenn Sie Ihre Philosophie an Mitarbeiter, Lieferanten, Partner, Interessensvertretungen oder Medien verlautbaren wollen, formen Sie die Inhalte am besten in ein Leitbild. Das Leitbild ist das große Ganze. Gebildet durch Leitsätze, die Werte und Ziele abbilden. Ausgewählte aussagekräftige Sätze vereinen in sich enorme Kraft. Organisationen sollten nur Dinge sagen und tun, an die sie wirklich glauben. Eine Unternehmensphilosophie darf natürlich nicht in den bloßen Leitsätzen enden. Alle Organisationsmitglieder müssen die Leitsätze mittragen.

Leitbilder haben verschiedene Ausprägungen. Einige Organisationen ...

- stellen die Kunden ins Zentrum ihrer Philosophie.
- sehen die Fürsorge um die Mitarbeiter im Mittelpunkt.
- konzentrieren sich auf Produkte oder Dienstleistungen.
- legen ihren Fokus auf Risikobereitschaft.
- stellen Innovation und Transformation in das Zentrum.

Die Grundfrage, die sich jede Organisation stellen muss, lautet: Worauf sind wir die Antwort?

Schritte zum Unternehmensleitbild:

1. Bewusstsein für das Leitbild schaffen: Es ist Aufgabe der Geschäftsführung, die Vision zu liefern. Sie kennt das ganze Umfeld.
2. Alle Mitarbeiter integrieren, damit sie mittragen, wie sie zur gemeinsamen Vision gelangen: In großen Organisationen muss man die Menschen zumindest per Fragebogen (analog oder digital) beteiligen.
3. Ausarbeitung der ersten Kernfrage: Was geben wir wem? Kunden, Mitarbeitern, Lieferanten, Netzwerkpartnern, der Gesellschaft, dem Staat, etc.
4. Ausarbeitung der zweiten Kernfrage: Was wollen wir von wem haben?
5. Unterlagen auswerten und ordnen nach: Alleinstellungsmerkmal, Umwelt-Relevanz, Qualität, Leistungsfähigkeit, Wertschätzung, Mut, Leadership, Kultur, Zukunftsfähigkeit, gesellschaftliche Funktion, etc.
6. Leitsätze für das Leitbild erarbeiten: Es ist empfehlenswert, drei bis fünf zentrale Aussagen zu formulieren.

Ziel ist ein realistisches Idealbild als Orientierung für alle Maßnahmen und Strategien. Im Beratungsalltag erklären mir Unternehmenslenker zu oft, dass sie das und das nicht angehen wollen oder können. Bei der Leitbildentwicklung nehme ich Eigentümern und Führungskräften die Befürchtung vor einem Imageverlust oder einer negativen Auswirkung. Ich antworte dann: „Wissen Sie, nur wer ein positives Image hat, kann dieses zerstören. Entwickeln wir doch gemeinsam Ihr Leitbild und Ihre Unternehmenswerte, damit alles in die richtige Richtung geht."

Ihr Unternehmensleitbild ist fundamental wichtig und hat eine große strategische Gestaltungskraft. Es muss allen Ihren Organisationsmitgliedern bewusst sein. Nur so ist das Leitbild eine beachtliche Ressource Ihrer Organisationskultur. Quer über alle Branchen besitzen Spitzenunternehmen genau umrissene Leitvorstellungen. Ihr Leitbild sollten Unternehmen in größeren Zeitabständen von einigen Jahren kritisch beleuchten und gegebenenfalls adaptieren.

Wer glaubt, alle Antworten zu kennen, stellt nicht mehr die richtigen Fragen und entwickelt sich nicht mehr. Wer sich die Fragen nach der eigenen Unternehmenskultur stellt, muss bereit sein, Veränderungen anzustoßen und zu fördern.

4.4 Kulturwandel und Holokratie

Du hast dich verändert.
Wir haben uns verändert.
Das Leben ist Veränderung.

– Falco

Kulturwandel: Organisationen verändern nicht, Menschen tun es

Im Kern der Unternehmenskultur und somit im Kern des Wirtschaftens geht es immer um effektive Kooperation innerhalb einer Organisation. Dadurch gewinnt die Organisation an Dynamik und kommt ins Agieren. Bedenken wir, alles, was die Organisation macht, erfolgt letztlich durch Personen. Organisationen verändern nicht, Menschen tun es. Kultur entwickelt sich durch Menschen. Seit jeher schaffen Menschen unsere Kultur.

Natürlich ist es ein Wechselverhältnis. Wie Menschen denken und handeln, wird maßgeblich durch ihre Organisation geprägt. Eine Unternehmenskultur ist also reziprok. Jede Handlung eines Mitgliedes ist kulturell beeinflusst. Die Mitglieder beeinflussen in der Gesamtheit die Organisationskultur. Für mich ist Kultur das Ergebnis aus Entscheidungen und Handlungen.

Die kulturellen Einflüsse auf Gewinn, Zusammenarbeit und Effizienz von Unternehmen werden stark erforscht. Die Ergebnisse machen Mut, Veränderungen wirken tatsächlich. Kulturveränderung darf das Pferd aber nicht von hinten aufzäumen. Als würde die Kultur all das wirkungsvoll verändern, was vorab versäumt wurde.

Die wichtigsten Gründe, die Unternehmenskultur aktiv zu gestalten, beziehungsweise positiv zu verändern sind:

ökonomisch	soziokulturell	organisationsintern
Wettbewerbsstärke	Wertewandel	Wachstums- möglichkeit
Internationalisierung	Wertevielfalt	Produktivitäts- absicherung
Vorsprung durch Technologie	Demographie	Selbstorganisation
Kooperations- möglichkeiten	multioptionale Gesellschaft	Mitarbeiterbindung

Wie Sie eine Veränderung der Unternehmenskultur konkret durchführen:

1. Vorbereitung und Planung
   Klären Sie die Aufgabenbereiche, stellen Sie die Projektleitung und die Teams zusammen. Die Nachhaltigkeit des Projekts muss von Anfang in Ihrem Fokus stehen.
2. Analyse
   Wichtig ist Ihre gemeinsame Sicht auf die aktuelle IST-Kultur, in der auch die Unternehmensumwelt miteinbezogen wird: Kunden, Lieferanten, Mitbewerber, Markt, etc.

3. Konzeption
Prüfen Sie die IST-Kultur und entwickeln Sie das Ziel und den Weg zu Ihrer SOLL-Kultur.

4. Umsetzung
Verankern Sie die zukünftige SOLL-Kultur im Denken der Mitarbeiter und Führungskräfte.

Die größte Gefahr solcher Prozesse ist ein Projektstillstand. Wenn Projekte einschlafen, bleiben unerfüllte Erwartungen und Enttäuschungen übrig. Mehr noch, innere Widerstände gegen zukünftige Veränderungsprojekte sind vorgezeichnet.

Vorab gilt es zu bedenken, welche internen Ressourcen für ein Kulturveränderungsprojekt vorhanden sind. Im Konkreten ist auch entscheidend, wie das Unternehmen eine Veränderung tatsächlich leben kann. Die Reflexion über die Durchsetzungskraft der Kulturveränderung muss Teil des Prozesses sein.

Das Projektteam stellt sich folgende Fragen für den Veränderungsprozess:

- Wie kann uns der kulturelle Veränderungsprozess praxisnah gelingen?
- Welche inhaltlichen und methodischen Anforderungen müssen wir mitdenken?
- Worauf sollten wir bei der Verankerung der neuen Kultur besonders achten?

Der Kulturwandelprozess hat natürlich Modellcharakter, er ist jedoch auf alle Unternehmen und Organisationen übertragbar. Das Modell der Holokratie zeigt, wie sich Kulturen verändern lassen.

Hierarchie kann man durch Komplexität nicht umgehen.

– Frederic Laloux

Holokratie – im Kreis der Gleichgesinnten

Holokratie (Holacracy) ist eine Unternehmenskultur, die Selbstorganisation anregt. Die Befürworter sind überzeugt, dass dadurch die Produktivität steigt, Innovationen entstehen und jeder Mitarbeiter Entscheidungen trifft, die das Unternehmen voranbringen. Die Kultur der Holokratie gibt den Mitarbeitern Freiheit. Dies befähigt sie, ihre „Rolle" zu wählen, die einem Zweck folgt. Sie entscheiden freier, selbstverantwortlich und entwickeln somit das Unternehmen. Die Teams konzentrieren sich darauf, wie sie zum Unternehmenserfolg beitragen.

Holokratie setzt, laut ihren Anhängern, Hierarchie außer Kraft und schafft dennoch kein Chaos. Sie bevorzugt dynamische selbstorganisierte Steuerung statt unbeweglicher Top-Down-Entscheidung. Holokratie schafft es, einfach mit Komplexität umgehen. Wenn Komplexität steigt, geht Orientierung verloren. Alte Muster und Werkzeuge taugen nichts mehr. Pläne, Systeme und Hierarchien lassen keine Änderung zu. In einem wechselhaften Umfeld verliert der einzelne Chef an Wert. Die Kultur der Vielen gewinnt an Wert.

Holokratie wurde vom Unternehmer Brian Robertson (Ternary Software Corporation/USA) entwickelt. Sie begünstigt Entscheidungsfindungen mit Transparenz durch alle Ebenen hindurch. Holokratie gibt Netzwerken und Unternehmen eine offene und entscheidungsfähige Struktur. Es liegt an Ihnen als

Führungskraft. Es liegt an Ihren Strukturen. Es liegt daran, ob Sie einen trägen Tanker oder ein bewegliches Boot steuern wollen.

Die hier skizzierten vier Ansätze zu Holokratie beruhen unter anderem auf Nicole Brandes:

1. Den Blick radikal öffnen
   Wir fragen uns zu oft, wie wir besser werden können. Wir fragen uns zu selten, welche Entwicklungen unser Geschäft zerstören können. Wir müssen erkennen, wie sich wirtschaftliche und gesellschaftliche Trends auf uns auswirken. Dazu benötigen wir die bereits zitierte gemeinsame Sicht auf die Dinge.
   Das Ziel ist es, schnell und intelligent zu reagieren. Bevor wir uns überhaupt mit Holokratie beschäftigen, sollten wir klären, welche Gedankenwelt die unsere ist.

2. Den Geist weit öffnen
   Es ist ein Irrtum zu glauben, dass eine Arbeitswelt ohne klassische Führung keine Kontrolle braucht. Die Frage ist nicht, ob Kontrolle gut oder schlecht ist, sondern wie sie eingesetzt ist und was damit erreicht wird. Können Sie als Führungskraft loslassen? Abbau von Kontrolle ist nicht attraktiv, weil Gewinne damit selten in Verbindung zu bringen sind. Dafür kann man Verluste auf fehlende Kontrolle zurückführen. Holokratie hilft, Kontrolle so zu installieren, dass sie dem Mitarbeiter hilft, seine Arbeit besser zu tun. Das Ziel ist der Gedanke, dass Führung nicht obsolet ist.

3. Strukturen radikal aufbrechen
   Wenn ein Mensch mit guten Absichten und Wissen auf ein schlechtes System trifft, dann gewinnt immer das System. Sind Sie bereit, die Strukturen Ihrer Organisation

so radikal aufzubrechen, dass die Menschen wirklich gut vernetzt sind und sich offen austauschen können? Das Ziel ist die Abkehr vom Denkplatz des Einzelnen und die Entwicklung hin zur Intelligenz der Vielen.

4. Radikal neu handeln
Sich mit großartigen Menschen zu umgeben, ist eine wichtige Eigenschaft von Führungskräften. Sie brauchen zudem Menschen, die komplett anders denken. Wie können Sie in Zukunft mit etwas Geld verdienen, womit Sie bislang kein Geld verdient haben? Wie kommen Sie von traditionellen Produkten und Dienstleistungen zu neuen Produkten und Dienstleistungen? Der Wandel verändert alles, was wir tun, wie wir es tun, warum wir es tun. Das Ziel ist, dass alle in der Organisation wissen, worauf sie die Antwort sind.

Holokratie ist ein kulturelles System, das Organisationen im Wandel vom trägen Tanker zum beweglichen Boot begleitet. Und trotzdem agieren viele noch mit Strategien und Methoden von gestern, um die Probleme von morgen zu lösen.

Bevor wir eine Organisation in Richtung der Holokratie entwickeln, müssen wir zuerst uns selbst in diese Richtung entwickeln:

- Weiten Sie den Blick vom Mikro- zum Makrogeschehen.
- Prüfen Sie, ob Sie das Vertrauen haben, die Autorität zu verteilen.
- Wägen Sie Ihre Geduld ab, die Strukturen aufzubrechen.
- Fragen Sie sich, habe ich die Fähigkeit, die bestehende Mannschaft mit ins Boot zu holen?
- Seien Sie sich immer über eines im Klaren: Was treibt Sie an?

Zwischen starren hierarchischen Entscheidungsstrukturen und unstrukturierten flacher als flachen Entscheidungsspielplätzen bietet die Holokratie einen Mittelweg. Nicht jeder kann mit der höchsten Form, der Holokratie, umgehen. Extreme Freiheiten und Entscheidungsspielräume verunsichern auch. Man kann die Kultur eines Unternehmens auch nicht wie das Betriebssystem eines Computers über Nacht updaten. Das Gedankenmodell der Holokratie ist daher vielmehr eine Anregung, hierarchische Strukturen zu überdenken und weiterzuentwickeln.

Holokratie ist Anarchie, sagen ihre Kritiker. Die Anarchie funktioniert bislang, sagen ihre Anhänger. Holokratie wirkt eher in kleineren Unternehmen und nicht in riesigen Konzernen, sage ich.

Sie können Ihrem Unternehmen das Modell der Holokratie nicht einfach überstülpen. Es ist Ihnen aber bewusst, dass Sie Freiräume schaffen sollen, in denen Mitarbeiter und Teams mehr Autonomie erfahren. Kulturelle Unternehmensentwicklung bedeutet auch, sich ständig mit der Einzigartigkeit der Kultur und der Zugehörigkeit ihrer Mitglieder zu beschäftigen.

4.5 Einzigartigkeit und Zughörigkeit

Sie lachen über mich,
weil ich anders bin.
Ich lache über sie,
weil sie alle gleich sind.

– Kurt Cobain

Kultur ist einzigartig

Die DNA einer Firma zeigt sich in ihrer Unternehmenskultur. Die Kultur einer Organisation ist so individuell und einzigartig ausgeprägt wie ein Fingerabdruck. Es gibt so viele unterschiedliche Kulturen wie es Unternehmen gibt. Somit verfügt eine Kultur über ein Alleinstellungsmerkmal, das wir ja von Produkten und Dienstleistungen her kennen.

Niklas Luhmann hat als Vertreter der Systemtheorie drei Merkmale geprägt, die die Einzigartigkeit von Organisationen verdeutlichen: Zwecke, Hierarchien und Mitgliedschaft. Auf Zwecke verzichtet keine Organisation. Ohne Hierarchie, wenn auch eine sehr flache, kommt keine Organisation aus. Die Frage nach der Mitgliedschaft scheint obsolet zu sein.

Eine einzigartige Unternehmenskultur ist essenziell für den wirtschaftlichen Erfolg. Noch dazu legen Mitarbeiter heute gesteigerten Wert auf die Atmosphäre in ihrem Arbeitsalltag. Wo sie sich wohlfühlen, arbeiten sie produktiv und leistungsmotiviert. Ein schlechtes Unternehmensklima hingegen sorgt eher für steigende Krankenstände und mehr Kündigungen durch die Mitarbeiter. Beides ist in Zeiten akuten Mangels an qualifizierten Mitarbeitern katastrophal.

Wenn Unternehmenskulturen einzigartig sind, dann muss sich das auch anhand von Parametern oder Kennzahlen feststellen lassen. Die Unternehmenskultur selbst ist naturgemäß sehr komplex. Es ist trotzdem möglich, ein Bild der Unternehmenskultur zu zeichnen. Dadurch kann man weiterführende Gestaltungsmöglichkeiten aufdecken, da sich Unternehmenskulturen verändern lassen. Die eher komplexen Messverfahren benenne ich nur auszugsweise: Digital Culture Check, Culture Readiness Check oder Lateral Culture Index.

Wie kann man Unternehmenskultur wirklich praxisnah messen? Vom Gedanken einer genialen und universellen Metrik sind wir weit entfernt. Aber durch die Kombination verschiedener Werte ergibt sich ein Gesamtbild.

Drei Methoden, die eine Unternehmenskultur messbar machen:

- Die Fluktuationsrate - ETR (Employee Turnover Rate)
  Eine schlechte oder vergiftete Kultur ist vorhanden, wenn die Fluktuationsrate der Mitarbeiter zunimmt. Ein gewisser natürlicher Wechsel im Unternehmen ist völlig normal. Wenn Mitarbeiter jedoch nach ein paar Monaten regelmäßig das Weite suchen, ist das ein Alarmzeichen. Die Fluktuationsrate ist vermutlich die beste Möglichkeit zu verstehen, wie zugehörig oder wechselwillig die Belegschaft ist. Den monatlichen Prozentsatz der Fluktuation kann man dann mit Branchendurchschnitten oder früheren Fluktuationsdaten vergleichen. In der Regel beeindruckt eine erfolgreiche und zukunftsfähige Unternehmenskultur

mit einer ausgesprochen niedrigen Rate. Verfälscht wird die Fluktuationsrate durch Abfertigungs- und Abfindungssysteme, die Mitarbeiter seit Jahrzehnten binden. Ein Verlassen des Unternehmens wäre für sie mit extrem hohen finanziellen Verlusten verbunden.

- Die Weiterempfehlungsbereitschaft – eNPS (Employee Net Promoter Score)
  Die Mitarbeiter werden bei dieser Methode gefragt, wie sehr sie das Unternehmen im Freundeskreis weiter empfehlen. Die Antworten sind auf einer Skala von 0 (unwahrscheinlich) bis 10 (äußerst wahrscheinlich) einzutragen. Jene, die mit 9 oder 10 antworten, sind die klassischen „Promotoren". Als „Detraktoren" betrachtet man diejenigen, die mit 0 bis 6 antworten. „Indifferente" antworten mit 7 oder 8. Die Punktzahl ist ein Indikator, wie beliebt das Unternehmen bei seinen Mitarbeitern ist. Über einen längeren Zeitraum wird mit den Daten ein Trend im Unternehmensklima sichtbar. Eine anonyme Durchführung der Umfrage erhöht die Aussagekraft deutlich.

- Mitarbeiter-Manager-Beziehung (Employer and Manager Satisfaction Score)
  Dieser Wert gibt Aufschluss darüber, wie zufrieden die Mitarbeiter mit der Art und Weise der Führung sind. Diese Kennzahl bringt den richtigen Einsatz von Talenten, angemessene Schulungsmöglichkeiten und die allgemeine Unterstützung für Mitarbeiter ans Licht. Die Methode ist ähnlich wie bei der Weiterempfehlungsbereitschaft. Die Mitarbeiterbefragung konzentriert sich darauf, wie sie ihre Führungskräfte einschätzen. Durchschnittswerte können als Richtlinie dienen, um zu sehen, wie gut sich das Management in den Augen der Belegschaft entwickelt hat.

Eine Unternehmenskultur kann einzigartig gut oder einzigartig schlecht sein. Wesentliche Antworten dazu liefern, mit oder ohne Metrik, die Mitarbeiter.

Wie oben beschrieben, ist heute der Fokus auf Zwecke, Hierarchie und Mitgliedschaft stark ausgeprägt. Je mehr sich Grenzen zwischen Organisationen flexibler gestalten, desto genauer wird beobachtet, wer zu einem Unternehmen dazu gehört.

Zugehörigkeit im Fokus

Zugehörigkeit steht im Fokus fortschrittlicher Arbeitgeber. Wenn Sie es schaffen, Zugehörigkeit und Bindung auszulösen, generieren Sie einen erheblichen Wettbewerbsvorteil. Gute Leute sind knapp und werden immer knapper. Unternehmen müssen sich also immer mehr um die Bedürfnisse der Mitarbeiter kümmern. Niemand von ihnen möchte ausgeschlossen sein oder das Gefühl haben, bei einer Gruppe außen vor zu bleiben. Ein wichtiges Merkmal der Teamarbeit ist der Zusammenhalt und das Wir-Gefühl der Kollegen.

Wie können Sie das Zugehörigkeitsdenken und Zughörigkeitsempfinden Ihrer Mitarbeiter positiv beeinflussen? Wie können Sie Zugehörigkeit auf einem hohen Niveau halten?

Für den normalen Unternehmensalltag fallen uns da sicher Ideen ein. Das klassische Dreigestirn aus Kommunikation, Empathie und Wertschätzung hilft Mitarbeiterbedürfnisse zu erkennen. Die Zuteilung von Aufgaben, Rollen oder Positionen bindet Mitarbeiter positiv in der Gruppe. Das Bildlogo auf der Dienstkleidung macht Mitarbeiter im Idealfall stolz. Denken Sie mal an die legendären Pan Am-Uniformen und -Taschen.

Was aber machen Sie in Zeiten der Verunsicherung und im Speziellen in Zeiten von Krisen? Was machen Sie in Zeiten eingeschränkter Kommunikation und Kontakte? Als ein winzig kleiner Virus die mächtige und alles beherrschende Weltwirtschaft lahmlegte, kam es zu massiven Kommunikationseinschränkungen in Organisationen. Unternehmenslenker versuchten dies auf unterschiedliche Weise zu lösen. Manche fanden es angebracht, sich einmal in 14 Tagen per E-Mail bei den Mitarbeitern zu melden. Andere sendeten eine langatmige und viel zu ausführliche Videonachricht und fanden das weltbewegend gut und gut genug für lange Zeit. Martin Gauss, der Air Baltic Geschäftsführer, sprach täglich per Videobotschaft zu 1.600 Mitarbeitern und beantwortete einmal pro Woche live Fragen. So ein Einsatz und so eine Transparenz sorgen für ein enorm hohes Zugehörigkeitsempfinden der Menschen im Unternehmen.

Die Zugehörigkeit zu einer Gruppe führt zu einem Wir-Gefühl. Die Zugehörigkeit ist die Basis für die gegenseitige Sympathie und Kooperationsbereitschaft der einzelnen Mitglieder. Durch zeitlich andauernde Zugehörigkeit entsteht der Teamgedanke und das starke Gefühl von Zusammengehörigkeit, Loyalität und Gruppenidentität. Das berufliche Netzwerk LinkedIn hat untersucht, wie echte Bindung von Mitarbeitern entsteht. Bei 86 Prozent der Berufstätigen ist es wichtig, dass sich ihr Unternehmen bemüht, ein Gefühl der Zugehörigkeit herzustellen.

Was Sie bieten müssen, damit Sie bei Mitarbeitern ein Gefühl der Zugehörigkeit schaffen:

- Fairness und Gleichbehandlung
  Das ist der wesentlichste Faktor, mit dem Arbeitgeber ein Gefühl der Zugehörigkeit erzeugen. Fast sechs von zehn

Befragten wählten diesen Aspekt auf den ersten Platz. Ihnen ist vor allem eine gerechte Bezahlung wichtig.

- Offene Kommunikation
  Der zweitwichtigste Aspekt, der die Bindung aus Mitarbeitersicht fördert, ist eine offene und ehrliche Kommunikation.

- Beteiligung bei Ideen und Entscheidungen
  Wer in die Entwicklung des Unternehmens eingebunden ist und um seine Meinung gefragt wird, fühlt sich schneller zugehörig.

- Aufmerksamkeit für Diversity
  Dieser Aspekt ist vor allem für Berufseinsteiger und Akademiker wichtig. Diversity fördert ihre Bindung an den Arbeitgeber.

- Haltung zu gesellschaftlichen Themen (Kultur) und gesellschaftlicher Verantwortung (Corporate Social Responsibility)
  Die Haltung ist wichtig für die Loyalität dem Unternehmen gegenüber. Wenn Unternehmen eine gute Haltung zu gesellschaftlichen Themen einnehmen, sagt ein Viertel der Befragten, dass dies bei ihnen Bindung erzeuge.

Ein weiteres Studienergebnis: Gelingt es einem Unternehmen bei der Belegschaft ein Gefühl der Zugehörigkeit auszulösen, ist die Wechselbereitschaft zu einem kulturell schlechter passenden Unternehmen gering. Fühlen sich Mitarbeiter dem Unternehmen verbunden, sind sie schwerer abzuwerben. Für Arbeitgeber sind loyale Mitarbeiter deshalb extrem wertvoll.

Für Leistung, Engagement und Fluktuationsvermeidung ist die emotionale Bindung ausschlaggebend. Kulturell gebundene Mitarbeiter bleiben ihrem Unternehmen treu. Wem das Angst macht, dem ist nicht zu helfen.

Wir haben nichts zu verlieren, außer unsere Angst.

– Rio Reiser

Unternehmenskultur und das gefährliche Wort „Zufriedenheit"

Ein gut geführtes Unternehmen basiert in erster Linie auf zufriedenen Mitarbeitern. Die innerbetriebliche Kommunikation und die Unternehmenskultur haben immensen Einfluss auf die Zufriedenheit. Der Leader soll verfügbar sein, aufmerksam zuhören und auf die Menschen eingehen. Gute Leader zwingen sich dazu. Das ist maßgeblich für die Mitarbeiterzufriedenheit.

Zufriedenheit interpretieren viele Unternehmenslenker als gefährliches Wort. Sie sind verunsichert, wie sie mit dem Wort Zufriedenheit umgehen sollen. Manche haben sogar richtig Angst vor zu viel Zufriedenheit im Unternehmen. Sie setzen dann Zufriedenheit mit Sattheit, Anspruchslosigkeit und wenig Leistungsbereitschaft gleich. Solche Führungskräfte sind gedanklich im Zeitalter der Industriellen Revolution verhaftet. Das ist ein fataler Fehler. Zufriedene Mitarbeiter leisten mehr, weil sie es selbst wollen, nicht weil das durch den Druck der Leistungsvorschriften ausgelöst wird.

Reinhold Würth, ein Unternehmer mit beinahe 80.000 Mitarbeitern, beschrieb sein angestrebtes Klima innerhalb der Organisation sinngemäß so: Es muss einem Unternehmen gelingen, den Mitarbeitern eine gewisse Heimstatt zu bieten. Wir kümmern uns darum, ein einzigartiges Umfeld aufzubauen.

Unser Umgang ist geprägt von Harmonie, Optimismus, Ehrlichkeit, Berechenbarkeit, Vertrauenswürdigkeit und Respekt vor der Leistung der Mitarbeiter.

Daniel Goleman führt dazu in seinem Buch „Emotionale Führung" aus: Die betriebliche Sozialatmosphäre und das Unternehmensklima rücken zunehmend in den Fokus der Organisationsgestaltung. Unternehmen, deren Geschäftsführer ausgezeichnete Geschäftsergebnisse erzielen, schneiden bei sämtlichen Messungen des Arbeitsklimas besser ab. Erfolgreiche Führungskräfte unterstützen die Selbstständigkeit und Eigenverantwortung. Sie setzen höhere Leistungsstandards und motivieren zu anspruchsvolleren Zielen. Kurz gesagt, sie schaffen ein Klima, in dem die Leute sich sehr motiviert fühlen und stolz auf ihre Arbeit sind. Wem das jetzt noch Angst machen kann, dem ist ohnehin nicht zu helfen.

Zufriedene Mitarbeiter haben Freude an ihrer Arbeit und halten dem Unternehmen die Treue. Es genügt nicht, wenn wir nur den Erfolg im Blick haben, aber nicht sehen, wie es den Menschen dabei geht. Es ist zu wenig, nur auf die Effektivität zu sehen und dabei die Zufriedenheit zu übersehen.

Ein Unternehmen wird es nicht schaffen, stets optimale Bedingungen für Zufriedenheit zu bieten. So ein Idealzustand ist schwer aufrecht zu erhalten. Das fortwährende Bemühen darum zeichnet Unternehmen heute aus und hält sie zukunftsfähig. Kultur ist kein Selbstzweck. Kultur überwindet Grenzen und Kultur ist in Krisen überlebenswichtig.

4.6 Kultur überwindet Unternehmensgrenzen und Krisen

Kultur kann nicht eingekauft und einfach oben draufgesetzt werden, sondern durchdringt alles in einer Organisation.

– nach Bernd Schmid

Die Ähnlichkeit der Kulturen entscheidet

Die Individualität der Organisationsform ist ihre Chance und zugleich ihr Risiko. In einem speziellen Fall kann die Kultur ein großes Hindernis darstellen. Bei einer Unternehmenszusammenführung ist nicht die Nähe oder die Unterschiedlichkeit der Produkte oder Dienstleistungen erfolgsentscheidend. Es geht vielmehr um die Ähnlichkeit der Kulturen. Es ist ausschlaggebend, wie nahe sich die Kulturen sind. Die Vereinigung der Produkte und Dienstleistungen ist einfach im Vergleich zur Integration der vorherrschenden Organisationskulturen.

Organisationen müssen dann verschmelzen, wenn ein Unternehmen ein anderes erwirbt und eine Zusammenlegung angestrebt wird. Oft stülpen die Käufer dem neuen Partner nur zu gerne ihre eigene Organisationskultur über. Anstatt Synergien und die Potenziale beider Kulturen zu nützen, wird die des Übernommenen vielmals missachtet und beseitigt. Unternehmenszusammenschlüsse scheitern wiederholt an einer mangelnden Übereinstimmung der Organisationskulturen. Kulturelle Werte beeinflussen die Mitarbeiter nachweislich stärker als andere Faktoren.

Kultur über Unternehmensgrenzen hinweg

Die Haben-Orientierung ist charakteristisch für die Industriegesellschaft, in welcher die Gier nach Geld, Ruhm und Macht zum beherrschenden Thema emporstieg. Der Weg zum Genug Haben ist kompliziert. Die Evolution hat uns von den Bäumen heruntergeholt, uns Eiszeiten, Hungersnöte, Seuchen und Naturkatastrophen überleben lassen. Schließlich sind wir im Zeitalter des technologischen und materiellen Überflusses angekommen. Doch die alten Instinkte „ich will mehr" und „ich will es sofort" drängen nach.

Alle Naturkatastrophen und Seuchen sind nicht überwunden. Unvermittelt wurde der gesamte Globus von einer Pandemie ausgebremst. Die Menschen saßen im Zimmer und die Flugzeuge dieser Welt klebten am Boden. Die Wirtschaft stand still und wir wussten und wissen nicht, wie wir mit solchen Ereignissen umgehen sollen. Der heftige Konjunktureinbruch wird vorbeigehen. Doch viele der langfristigen Folgen bleiben. Die Tendenzen für eine Deglobalisierung erhalten Auftrieb. Dieser schleichende Trend könnte als ein Wendepunkt in der Wirtschaftsgeschichte gelten.

Unternehmen müssen für eine Welt im Gleichgewicht mehr soziale und ökologische Verantwortung übernehmen. Ohne die Mithilfe der Politik wird das, besonders weltweit, scheitern. Wir können weiter globale Geschäfte machen – aber wir brauchen globale Spielregeln. Harmonisierte Umweltstandards, Lösungen für den Personen- und Warenverkehr, ähnliche Tarif- und Kollektivverträge, vereinheitlichte Arbeitszeitgesetze und angeglichene Steuersätze wären ein erster Schritt. Die Europäische Union scheitert daran schon intern. Wie kann das weltweit funktionieren? Hier dürfen Wirtschaft und Politik nicht locker lassen. Hier muss es zu Lösungsschritten kommen.

Zu wenige stehen scheinbar hinter dem Erfolgsprinzip: Mensch vor Profit, Umwelt vor Fortschritt. Es gibt viele Gründe, warum korrektes Handeln Sinn macht. Auch wirtschaftliche Gründe. Wer Erfolg hat, indem er die Dummheit anderer ausnutzt, zerstört längerfristig seine eigene Erfolgsgrundlage.

An dieser Stelle tauchen die beiden Begriffe „Sinn" und „Unternehmenskern" als Existenzgründe wieder auf. Beide müssen Einflüssen von außen standhalten. Die Unternehmenskultur erhält immer dann eine erfolgskritische Funktion, wenn das eigene Unternehmen an Grenzen gerät. In Zeiten, in denen der Unternehmenskern bedroht ist, sprechen wir von einer Krise.

In der Krise zeigen sich der Charakter von Menschen und die Kultur von Organisationen.

Unternehmenskultur und Krisenmanagement

Eine Unternehmenskultur, die sich nicht auch um das Krisen- oder Risikomanagement kümmert, ist wahrscheinlich das größte Risiko. In der Krise zeigen sich ohnehin der Charakter von Menschen und die Kultur von Organisationen. Menschen und Organisationen werden nicht zwingend an dem gemessen, wodurch ihre Krisen ausgelöst werden, sondern vielmehr daran, wie sie mit ihren Krisen umgehen.

Zu viele Personen in Führungsverantwortung handeln nach dem fatalen Muster *I´m fighting things I cannot see*. Diese Menschen haben keine Lösung, sind aber fasziniert vom Problem. Sie meistern ihre Aufgaben nur rudimentär oder überhaupt nicht. Das aktuelle Geschehen fordert sie extrem, Zukunftsfähigkeit ist ein Fremdwort für sie. Oft verdeckt hektische Betriebsamkeit im Alltag, dass das Ziel abhanden gekommen ist. Mark Twain beschrieb die Situation so: *Als sie das Ziel aus den Augen verloren, verdoppelten sie ihre Anstrengungen.*

Eine Krise trennt klar zwischen wirklicher Kompetenz und selbstgefälligem Auftreten. So verblassen gekaufte Medienbeiträge und unternehmerische Schönwetter-Postings. Krisenmanagement bedeutet mehr. Jede Krise stellt auch die Frage nach einer Status quo-Veränderung, denn offensichtlich hat die Routine versagt. Krisen sind gut für Entscheider. In der

Krise geht es vor allem um: Entscheidungsstärke, Mut und Zuversicht.

Was Sie bereits vor einer Krisensituation tun können:

- Sie sorgen beizeiten für ein loyales Team.
- Sie fördern Loyalität und Zuversicht.
- Sie schaffen ein Klima des Vertrauens.

Wie Sie Ihre Unternehmenskultur in der Krise bestmöglich einsetzen:

- Sie bewahren Ruhe und gehen als Vorbild voran.
- Sie kommunizieren klar und ehrlich nach innen und außen.
- Sie treffen die notwendigen und wichtigen Entscheidungen.
- Sie machen Mut und geben nicht auf.
- Sie gehen konsequent gegen Gerüchte vor.
- Sie kontrollieren negative Gefühle und halten die aktuelle Dissonanz aus.
- Sie behalten das Wesentliche im Auge und setzen sich sofort neue Ziele, wenn sich das alte Ziel als nicht erreichbar erweist.
- Sie feiern Erfolge – auch, wenn diese klein sind.

Eine wirklich große Krise ist im Grunde immer der Ausgangspunkt für zwei Krisen. Vorrangig geht es um das aktuelle, wenn Sie wollen, nackte Überleben als Organisation. Anschließend steigert sich die Relevanz der Folgen enorm und diese nehmen oft ein gewaltiges Ausmaß an.

*Eine Krise zu managen ist
zu wenig und greift zu kurz.
Krisenmanagement macht nur
dann Sinn, wenn es aus der Krise
herausführt.*

Wie steht die Chance, Krisen zu meistern?

Die Chance ist groß. So groß, wie sie durch die jeweilige Unternehmenskultur und Optimismus getragen wird. Wer es verabsäumt hat, Strukturen aufzubauen, kann Maßnahmen und Ressourcen nicht hervorzaubern. Für zukünftige Krisensituationen gilt das Prinzip, zeitgerecht eine „Infrastruktur" an Kompetenzen in die Kultur zu integrieren. Kompetenzen kann man erlernen und trainieren, finanzielle und materielle Ressourcen kann man aufbauen. Zukunftsfähigkeit ist Arbeit, aber sie wirkt. Sie macht eine Organisation eher unangreifbar. Das gibt große Zuversicht, die Herausforderungen zu meistern.

CONCLUSIO

Unternehmenskultur ist Zuversicht

Dieses Kapitel sollte klar verdeutlichen, warum der einleitende Satz stimmt: Menschen ignorieren Organisationen, die Menschen ignorieren. Der Satz klingt nicht nur gut, er hat enorme Bedeutung. Der Unternehmenskultur kommt eine wesentliche Funktion zu.

Kultur macht das intelligente Verhalten in einer Organisation oder Gemeinschaft aus. Und Kultur isst so manches zum Frühstück ... Eine zukunftsweisende Unternehmenskultur ist enorm wichtig. Wichtiger als eine ausgefeilte Strategie oder besondere Technologie. Die Kultur ist unverzichtbar. So geht Zuversicht Zukunft.

Unternehmenskultur entscheidet

Zukunftsfähigkeit bedeutet, die Zukunft aktiv zu gestalten

5.

Wenn ich die Menschen gefragt hätte, was sie wollen, hätten sie gesagt: schnellere Pferde.

– Henry Ford

Warum Zukunftsfähigkeit?

Die Anziehung, ein zukunftsfähiges Unternehmen zu formen, ist gewaltig. Zukunft bedeutet, die Vergangenheit zu verstehen und die Erkenntnisse daraus zu nutzen. Zukunftsfähigkeit setzt zuallererst Lernzuwachs voraus. Der Mensch liebt Veränderung im Grunde nicht. Dennoch ist uns allen klar, dass es ohne Bereitschaft zum Wandel keine Weiterentwicklung gibt.

Unternehmenslenker müssen sich fragen, bin ich bereit, für die Zukunft etwas zu geben und auch aufzugeben? Bin ich bereit, Investitionen in die Zukunft zu tätigen? Für mich ist diese Entscheidung keine Entscheidung, weil es nur einen Weg geben kann ...

5.1 Vergangenheit, Gegenwart und Zukunft

*Mehr als die Vergangenheit
interessiert mich die Zukunft,
denn in ihr gedenke ich zu leben.*

– Albert Einstein

Ein kleines Gedankenexperiment

Sie sind in einem Kindergarten beschäftigt und noch heute müssen drei Kinder Ihre Gruppe leider völlig ungeplant verlassen. So spontan haben Sie keine Geschenke, nur eine einzige Flöte liegt noch in Ihrer Schublade. Das erste Kind hat die Flöte selbst gebaut. Das zweite Kind zieht noch heute in ein armes Land um. Das dritte Kind kann Flöte spielen.

Welchem der Kinder geben Sie die vorhandene Flöte?

- Dem ersten Kind:
  Sie bewerten die Vergangenheit sehr stark.
- Dem zweiten Kind:
  Sie bewerten die Gegenwart als wichtig.
- Dem dritten Kind:
  Sie bewerten die Zukunft am stärksten.

Ich verwehre mich dagegen, dass es sich hier um ein psychologisches Experiment über Zukunft handelt. Ihre Auswahl öffnet Ihnen lediglich die Sicht auf das eigene Denken. Vergangenheit, Gegenwart oder Zukunft, es ist Ihre Entscheidung.

Der zuverlässigste Weg in die Zukunft, ist das Verstehen der Gegenwart.

– nach John Naisbitt

Zukunftsforscher oder Zukunftsfähige?

Um Zukunftsforschung zu legitimieren, gibt es einen einfachen Ansatz. Würde sich die Zukunft nicht von der Gegenwart unterscheiden, wäre die Forschung nach ihr obsolet. So lässt es sich frisch und munter über Wahrscheinlichkeiten und Trends abendfüllend diskutieren. Sandra Schön und Mark Markus haben dazu eine sehr differenzierte Ansicht: *Zukunftsforschung gehört in eine Grauzone wissenschaftlicher Verfahren. Sie kritisch zu betrachten ist notwendig.*

Zukunft ist nicht vorhersehbar, aber gestaltbar! Zukunftsfähigkeit bedeutet genau das nicht, was uns manche Zukunftsforscher oder Zukunftsseher einreden möchten. Es bedeutet eben nicht, irgendwelche vermuteten Trends irgendwelcher Einmann-Institute und Akademien ohne Akademiker zu präsentieren. Das ist zwar medienaffin, aber letztlich bedeutungslos und grenzt fallweise an Wahrsagerei oder Esoterik. Damit werden die Lebenszeit und das Geld anderer Leute vergeudet. Jedes einzelne dieser Zukunftsblendwerke lenkt ab. Es hindert viele, ihre eigene Organisationsentwicklung tatsächlich verstehen und gestalten zu lernen und sie nicht bloß im Nachhinein zurecht zu interpretieren.

Mein Appell an Sie: Formen Sie ein Unternehmen, an dem die Zukunftsforscher bedeutungslos vorbeiziehen müssen. Sie brauchen ihnen die Türen nicht zu öffnen. Wenn Sie den vorhergesagten Trends nachlaufen würden, machen Sie das gemeinsam mit allen anderen. Zukunft geht definitiv anders.

Unternehmerische Zukunft ist wie jede Zukunft nicht vorhersehbar. Eine Mitgestaltung der Zukunft ist, in Kooperation mit den wichtigsten Akteuren, jedoch denkbar. Infrage kommen dafür Mitarbeiter, Führungskräfte, Kunden, Lieferanten, Investoren und andere Partner.

Zukunftsfähigkeit kennt die Zukunft nicht. Zukunftsfähigkeit kennt vielmehr die Methoden. Zukunftsfähig macht uns eines: Die offene Haltung für das Morgen.

Zukunftsfähigkeit muss als Einstellung oder Mindset aller Menschen im Unternehmen verankert sein. Die Haltung der rückwärtsorientierten Bremser ist hinlänglich bekannt. Die brauchen tagtäglich die andere Zukunft. Die, die es nicht gibt, weil sie schon war.

Jeder Mensch kann selbst entscheiden, welche Position er in Hinblick auf die Zukunft einnimmt. Wir unterscheiden Bremser, Mitläufer, Zögerer und Zukunftsfähige.

	Einstellung positiv	
ZÖGERER	**ZUKUNFTSFÄHIGE**	
BREMSER	**MITLÄUFER**	
	Einstellung negativ	

Verhalten passiv — *Verhalten aktiv*

Es ist Ihre Entscheidung, wo Sie sich positionieren.
Es ist das, was Sie daraus entstehen lassen.

Es geht nicht darum, ein Problem
nach dem anderen zu lösen.
Es muss Gründe geben, etwas gerne
und aus ganzem Herzen zu tun.

– nach Elon Musk

Es ist das, was wir daraus machen

Kennen Sie solche Aussagen? Mein Ziel für dieses Jahr ist es, die Ziele vom letzten Jahr zu erreichen, die ich mir vor zwei Jahren gesetzt habe, weil ich mir drei Jahre vorher vorgenommen habe, das zu erledigen, was ich vor vier Jahren geplant hatte, weil ich es über fünf Jahre nicht geschafft habe, die Ziele von vor sechs Jahren umzusetzen.

Sie kennen solche Aussagen natürlich nicht. Ihre Haltung unterscheidet sich maßgeblich davon. Mit ständiger Verschiebetaktik würden Sie nur dort hinkommen, wo Sie nie hin wollen. Ziele zu verschieben und Ideen abzulehnen, haben noch nie jemanden voran gebracht. In einem Unternehmen ist das Ganze noch komplexer zu sehen. Da entscheiden auch andere mit.

Der amerikanische Autor und Unternehmer Seth Godin nennt als Gründe, warum andere Ihre Idee ablehnen, zwei Paradeantworten:

- Das ist schon einmal gemacht worden.
- Das ist noch nie gemacht worden.

Beide Antworten weisen in die Vergangenheit. Das klingt nach einer perfekten Selbstausschaltung für die Zukunft. So geht garantiert nichts voran.

Die Haltung zukunftsfähiger Unternehmenslenker, ihrer Teams und Mitarbeiter wird getragen von: Es gibt gute Gründe, etwas aus ganzem Herzen zu tun. Es ist das, was wir daraus machen. Wir als Organisation machen. Wir werden nicht gemacht. Wir hecheln nicht hinterher. Wir warten nicht, bis uns der Markt, die Mitbewerber, die Kunden vor neue, unlösbare Aufgaben stellen. Wir sind die, die in die Zukunft investieren. Wir sind keinesfalls die, die Versäumnisse und Nichtentscheidungen der Vergangenheit abbezahlen. Wir sehen Investition als Vertrauen in die Zukunft. Wir sind keinesfalls jene, die nicht reagieren. Wir sind nicht die, die immer nur aus der zweiten, dritten oder letzten Reihe versuchen, auch dabei zu sein. Wir sind die Agierenden und damit jene, die Themen vorantreiben.

Was Sie machen, wenn Sie agieren, reagieren oder nichts tun:

- Wenn Sie in das Agieren kommen, können Sie in einer Art Tätigkeitsfluss (Flow) positive Entwicklungen vorantreiben.

- Wenn Sie zumindest auf Innovationen und Transformationen anderer reagieren können, lebt Ihr Unternehmen noch.

- Wenn Sie es in einer Art Schockstarre nicht einmal mehr schaffen zu reagieren, dann reiten Sie mit Ihrer Organisation ein totes Pferd.

Das Höchste, das Sie erreichen können, in einfachen Worten: Nicht reagieren, agieren! Dafür brauchen Sie Menschen mit Zukunft um sich. Sie dürfen niemals eine Führungskraft oder einen Mitarbeiter für das holen, was er bislang gemacht hat. Das greift viel zu kurz. Sie müssen die Menschen für das engagieren, was sie in der Zukunft machen sollen. Es geht nur um das, was Sie zukünftig mit Ihrem Team machen, und nicht um das, was Ihre Teammitglieder irgendwann einmal irgendwo gemacht haben.

Wenn Sie heute die Menschen in Ihrer Organisation und die Entwicklungen außerhalb nicht ernst nehmen, wenn Sie den Wandel nicht umarmen, werden Sie gnadenlos überrollt. Zukunft findet statt. Gegebenenfalls auch ohne Sie.

Zukunftsfähiges Führen ist es dann, wenn Sie sich immer wieder fragen, ob Ihr Unternehmen am Puls der Zeit ist. Fragen Sie sich, ob Sie den Bedürfnissen der Menschen gerecht werden und ob Sie die Ressourcen der eigenen Mitarbeiter genügend ausschöpfen. Öffnen Sie den Blick, damit Sie und Ihr Team vorne dabei sind und bleiben. Die Veränderungskompetenzen Innovation und Transformation sind dabei gefragt.

5.2 Die Veränderer: Innovation und Transformation

Die Veränderung hat keine Anhänger.
Die Menschen hängen am Status quo.
Man muss auf massiven Widerstand
vorbereitet sein.

– Jack Welch

Zauberwort Change

Change ist keine Zauberei. Change ist harte Arbeit. Und diese Arbeit müssen wir wirklich gut machen. Change wirkt dann am besten, wenn die kulturellen und strukturellen Auswirkungen hoch sind.

kulturell hoch	KULTUR-ENTWICKLUNG	DOPPEL-TRANSFORMATION
kulturell niedrig	ROUTINE-VERBESSERUNG	ORGANISATIONS-VERÄNDERUNG
AUSWIRKUNGEN	strukturell niedrig	strukturell hoch

Reine Routineverbesserungen bringen Sie strukturell und kulturell nicht weiter. Mit der Organisationsveränderung verbessern Sie Strukturen und Prozesse. Die Kulturentwicklung bringt Ihnen einen Identitätssprung. Im Idealfall erreichen Sie die doppelte Transformation aus Kulturentwicklung und Organisationsveränderung.

Für jeden Wandel gilt es, Augen und Sinne offen zu halten, um Veränderungen zu erspüren. Genau das müssen Sie machen. Wenn Sie das nicht machen, dann kümmern sich andere darum.

Change ist heute Norm. Dinge ändern sich. An besten ändern Sie die Dinge.

Innovativ ist nur der, der dorthin geht, wo die anderen nicht sind.

— *Reinhold Messner*

Innovation und Transformation

Ein historisches Beispiel: Der Baubeginn der Semmeringbahn im Jahr 1848 war eine große technische und logistische Herausforderung. Auf einer Streckenlänge von 42 Kilometer schufen rund 20.000 Arbeiter die erste normalspurige Gebirgsbahn Europas. Die Berge und Schluchten wurden mit 14 Tunnels, 16 Viadukten und 100 gemauerten Bogenbrücken überwunden. Bahnstrecken konnte man bis zu diesem Zeitpunkt mit einer maximalen Steigung von 25 Promille bauen. Die Semmeringbahn war jedoch nur realisierbar, indem man mit 40 Promille Steigung arbeitete. Das liest sich schon spannend genug. Das Besondere war aber etwas anderes. Der Baubeginn erfolgte, ohne dass passende Lokomotiven für die Strecke verfügbar gewesen wären. Es gab weltweit keine einzige Lokomotive, die mehr als 25 Promille Steigung schaffte!

1851 schrieben die Erbauer einen Wettbewerb für eine so leistungsfähige Lokomotive aus. Rund zwei Jahre später, am 23. Oktober 1853, fuhr tatsächliche das erste Mal eine neuartige Lokomotive über die Semmeringtrasse. Ich finde die Entscheidungen und Leistungen von damals unfassbar mutig und innovativ.

Die Begriffe Innovation und Transformation habe ich bislang situativ passend verwendet. An dieser Stelle eine kurze Präzisierung:

- Unter Innovation verstehe ich verbesserte oder neuartige Produkte und wirtschaftlich optimierte Prozesse. Produkt- und Ingenieursdenken führt zu innovativen Produkten. Für mich liegt der Schlüssel der Innovation insbesondere in der Zerstörung des Alten. Um neue Ideen zu verwirklichen, müssen wir den Mut haben, revolutionär zu denken und Wege zu gehen, die noch nie einer ging.
- Unter digitaler Transformation verstehe ich Veränderungen, die dem digitalen Zeitalter gerecht werden, also sich in schnell wandelnden Märkten anpassen zu können. Mehr noch, es geht darum, diese Märkte aktiv mitgestalten zu können. Eine Organisation, die sich nicht selbst transformieren kann, ist nicht in der Lage, ihre Produkte und Dienstleistungen zu transformieren. Transformation ist keine Garantie gegen das Scheitern, aber ohne Transformation ist das Scheitern garantiert.

Für Innovation und Transformation gilt: Einem Trend lediglich hinterher zu laufen, ist sinnlos. Dem Druck des Wandels in Gesellschaften und Märkten nur adaptiv zu begegnen, führt ins Abseits. Dort wird der Wettbewerb bloß über Effizienz und Kosten geführt. Die Möglichkeiten, dort zu überleben, sind gering.

Louis Pasteur drückte es genial aus: *Veränderungen begünstigen nur den, der darauf vorbereitet ist.* Märkte ändern sich. Kunden ändern sich. Zugänge ändern sich. Technologien ändern sich. Und Sie, ändern Sie sich auch? Menschen und Unternehmen, die visionslos sind, sind keine Neuerer. Sie sind nur Ausführer und Abwickler. Visionäre Unternehmen denken ökologisch, zukunftsbezogen und verändern zum Positiven. Wer bloß auf den Status quo bedacht ist, hat schon verloren.

Einem Unternehmen stehen drei Veränderungsmöglichkeiten offen:

- Transformation – new level: Das Ziel lautet, neue Produkte und Funktionen, neue Dienstleistungen und Märkte. Dies bedeutet eine fundamentale Wende und ein neues Niveau in den internen und externen Beziehungen.
- Resilienz – old level: Das System überdauert Veränderungen in einem eingeschränkten Funktionszustand und versucht später in den vorherigen Zustand zurückzukehren.
- Tod – no more level: Das Unternehmen ist nicht im mindesten zukunftsfähig. Es bewältigt und übersteht den Wandel nicht.

Zukunftsfähige Unternehmen setzen sich seit jeher im Wettbewerb durch, wachsen schneller und schaffen mehr Arbeitsplätze als andere. Sie sind in der Lage, Marktstrukturen und Machtverhältnisse zu verschieben. Das gilt auf der Unternehmensebene wie auf der Ebene von Volkswirtschaften, Nationen und Kulturen. Echte Innovation ist es dann, wenn sie am Markt angenommen wird. Alles andere sind nur Ideen.

Die Veränderungsängstlichen vergessen oft etwas Überlebenswichtiges. Veränderung ist eine Aktion wie auch Reaktion auf geänderte Rahmenbedingungen. Nur ein geringer Prozentsatz sieht Veränderungen und agiert. Es würde jedoch meist generell die Reaktion genügen, um nicht unterzugehen.

In Zeiten rascher Veränderung können Erfahrungen dein schlimmster Feind sein.

– nach Martin Luther King

Veränderung zum Besseren

Wenn sich Führungskräfte mit dem Wunsch nach Veränderung und Optimierung ihrer Unternehmen bei mir melden, kann ich auffallend häufig etwas feststellen: Erste Schritte wurden bereits gesetzt. Diese Schritte fasse ich gerne zusammen mit: Zu wenig. Zu spät.

Es liegt an jedem einzelnen von uns, Veränderungen nicht zu fürchten, sondern sie als Aufgabe anzunehmen. Gradueller Wandel funktioniert bei großem Veränderungsbedarf ohnehin nicht. Wenn Änderungen nicht groß genug sind, wenn sie keine Durchschlagskraft haben, unterliegt man der Bürokratie.

An der Harvard Business School hat Robert H. Miles Hindernisse für Veränderungen eruiert:

- eine zu vorsichtige Kultur im Unternehmen
- ein zu zögerliches und unentschlossenes Handeln
- eingefahrene Prozesse, an denen festgehalten wird
- zu viele gleichzeitige Initiativen, die Stau verursachen
- unmotivierte Mitarbeiter, die veränderungsstabil sind
- Führungskräfte, die sich Veränderungen verschließen, da sie fürchten, Macht und Status zu verlieren

Die Veränderungsgeschwindigkeit in der Wirtschaft steigt und ist inzwischen höher als die Reaktionsgeschwindigkeit vieler Unternehmen. Die zukunftsfähige Entwicklung einer Organisation hängt letztlich davon ab, ob sie flexibel genug ist.

Organisationen, die eine Veränderung zum Besseren anstreben, kennen naturgemäß alle Elemente oder Maßnahmen, die für eine Verbesserung notwendig sind. In der Umsetzung selbst passiert dann leider ein fataler Fehler. Die Umsetzung hat keine Zukunft, wenn nur eines der erforderlichen Elemente nicht zum Tragen kommt.

Das passiert jenen, die Veränderungen halbherzig angehen:

+ Vision + Ressourcen + Erste Schritte	→	Aufschub
Druck + + Ressourcen + Erste Schritte	→	Ziellose Hektik
Druck + Vision + + Erste Schritte	→	Sillstand
Druck + Vision + Ressourcen +	→	Ratlosigkeit

Für die positive Wirkung müssen klarerweise alle Erfolgsvoraussetzungen für Veränderung und Verbesserung erfüllt sein:

Druck + Vision + Ressourcen + Erste Schritte	→ Veränderung

Wir brauchen Führungskräfte, die sich auf Dynamik und Veränderung einlassen – statt diese abzuwehren. Forschungsergebnisse, wie von Stefan Dörr beschrieben, zeigen, dass charismatische Leader höhere Motivation und Leistungsfähigkeit bewirken als technokratische Manager. Positive Veränderungsprozesse benötigen demnach mehr Leadership und weniger Management. Treffen Veränderung und Stillstand aufeinander, gewinnt immer der Stillstand. Veränderung benötigt ausnahmslos eine gewisse Geschwindigkeit, also ein Grundtempo.

5.3 Die Beschleuniger: Vertrauen und Selbstorganisation

Charakter ist unter allen Umständen für Vertrauen erforderlich.

– Stephen M. R. Covey

Schnelligkeit durch Vertrauen

Die Aufgabe des Leaders besteht darin, seine Leute aus dem Hier und Jetzt in die Zukunft zu führen. Vertrauen und Verantwortlichkeit müssen dafür die Basis sein.

Warum Schnelligkeit durch Vertrauen zählt:

- Wenn das Vertrauen hoch ist, ist die Kommunikation einfach, schnell und effektiv.
- Ein Vertrauensverhältnis zwischen Leader und Mitarbeiter fördert die Motivation und verbessert das Unternehmensklima. Dies führt zu mehr Offenheit und Ehrlichkeit.
- Vertrauen führt zu größerer Produktivität und Rentabilität. Vertrauen ist ein Mittel, um Kosten zu sparen. Misstrauen ist ein Kostenfaktor.
- Vertrauen hat unmittelbare Auswirkungen auf die Zufriedenheit.
- Vertrauen entsteht, wenn wir spüren, dass eine Person oder Organisation von anderen Dingen als ihrem eigenen Gewinn angetrieben wird.

Vertrauen ist einer der Schlüsselfaktoren erfolgreicher Unternehmensführung. Stephen M. R. Covey zeigt in seinem Buch „Schnelligkeit durch Vertrauen" in zahlreichen Beispielen und Fakten, dass erst Vertrauen den ökonomischen Erfolg nachhaltig sichert. Und Covey führt schlüssig aus, dass sich Vertrauen systematisch aufbauen lässt. Simon Sinek geht noch einen Schritt weiter: *Unser Überleben hängt von unserer Fähigkeit ab, vertrauensvolle Beziehungen aufzubauen.*

Der Philosoph und Unternehmensberater Rupert Lay vertritt eine klare Ansicht zu Vertrauen, die ich bedingungslos teile: *Führungskräfte scheitern dann, wenn es ihnen nicht gelingt ein Vertrauensumfeld um sich aufzubauen. Kombiniert mit zu starkem Druck auf die Mitarbeiter führt dies unabwendbar in ein Schreckensszenario. Ein Mensch in Führungsverantwortung, der nicht die Vornamen der Kinder seiner engsten Mitarbeiter kennt, sollte sich einen anderen Job suchen.*

Nur mit einer soliden Vertrauensbasis können Sie Ihre Organisation erfolgreich durch eine Krise oder in die Zukunft lenken. In Zeiten großer Herausforderungen geht es nicht um digitale Scheinkompetenzen und kopierte „Führungs-Tools". Es geht vorrangig um Vertrauen.

Alles, was eine Organisation macht, erfolgt letztlich durch die handelnden Personen. Aber die Art und Weise, wie Personen handeln, wird maßgeblich durch die Organisation geprägt. Man kann Mitarbeitern heute nicht mehr alles vorgeben. Man kann nicht mehr jede Kleinigkeit steuern. Mikromanagement ist fatal und rückschrittlich. Der Weg zu mehr Selbstorganisation ist vorgezeichnet. Mehr noch: Den Weg zur Selbstorganisation muss jede Organisation zwingend ermöglichen.

Die einzig gültige Währung für Ihre Zukunft: Die Gehirne Ihrer Mitarbeiter.

– Nicole Brandes

Zukunftsfähigkeit durch Selbstorganisation

Eigenverantwortliches Handeln der Mitarbeiter erhöht jede Organisationseinheit. Führungskräfte erhalten dadurch mehr Freiraum für unternehmenslenkende Aufgaben. In einer Studie für das „Forum Gute Führung" wurden Ergebnisse von 400 Interviews mit Führungskräften aus unterschiedlicher Branchen und Größen ausgewertet: Hierarchisch dominierte Vorausplanungen werden mehrheitlich abgelehnt. Die Zeit des Anweisens ist vorbei. Eine klassische Linienhierarchie ist ein erklärtes Auslaufmodell. Die Studienteilnehmer sehen die sich selbst organisierenden Netzwerke als die Organisationsform der Zukunft.

In der unternehmerischen Praxis erlebe ich, dass Menschen in Führungsverantwortung geradezu diametral entgegengesetzt zur Selbstorganisation der Mitarbeiter handeln. Alles wissen zu wollen und niemandem vertrauen zu können, ist eine tödliche Mixtur. Eine permanente CC-Funktion bei E-Mails zu verlangen und zu verwenden, zeigt mir viel über die innere Struktur einer Organisation. Wenn jemand Kontrolle und die Kontrolle der Kontrolle zur Maxime ausruft, wenn jemand Rückruflisten und ungeöffnete E-Mails ohne Ende ansammelt, dann limitiert sich diese Führungskraft selbst enorm. Sie wird immer wieder zurückgeworfen auf die eigene Leistungsfähigkeit, zurückgeworfen auf ihr eigenes Denk- und Entscheidungsvermögen. Die Zukunftsfähigkeit durch Selbstorganisation beginnt dort, wo sie zugelassen und gefördert wird. Im Idealfall ist das an der Unternehmensspitze.

Zukunftsorientierte Unternehmen stellen sich zu Selbstorganisation folgende Fragen:

- Wie reif sind wir für Selbstverantwortung?
- An welchen Stellen müssen wir beweglicher sein?
- Wo ist die Mitarbeiterkompetenz für Selbstorganisation und Selbstführung am gefragtesten?

Nachhaltige Selbstorganisation muss etwas aushalten können. Das verhindert, dass beim ersten Gegenwind nicht reflexartig auf den Kommando- und Kontrollmodus zurückgeschaltet wird. Führungskräfte müssen hinter dem Prinzip Selbstorganisation stehen, denn selbst in flacheren Hierarchien vertreten sie die Unternehmensaussagen.

Die Voraussetzungen für Selbstorganisation skizziere ich nach Dennis Lotter in einem vierstufigen Modell:

1. Die Führungskraft ist bereit, am System statt im System zu arbeiten.
   » Die Führungskraft unterstützt und begleitet.
   » Die Mitarbeiter kennen das Warum.
   » Selbstverantwortung wird zum Credo.

2. Die Mitarbeiter sind bestens vorbereitet.
   » Sie erkennen und lösen Probleme selbsttätig.

3. Vertrauen ist besser als Kontrolle.
   » Vertrauen wirkt hierarchie- und funktionsübergreifend.
   » Zwischen Kollegen und Teams halten Vereinbarungen.
   » Der Vorgesetzte stärkt allen den Rücken.

4. Die Mitarbeiter sind zu jedem Zeitpunkt umfassend informiert.
   » Mitarbeitern stehen alle Informationen zur Verfügung.
   » Eigenständige Entscheidungen und Selbstverantwortung sind möglich.

Zwei Erfahrungen aus dem Alltag verdeutlichen diesen theoretischen Ansatz. Einerseits bin ich für Unternehmen ohne gelebte Selbstorganisation tätig. Da treffe ich bei einem deutschen Konzern auf den Marketing-Leiter im Alter von rund 60 Jahren. Die Mitglieder der Geschäftsführung sitzen jede Minute mit dabei und nivellieren alle Ansätze in Grund und Boden. Selbstorganisation verkommt so zum Fremdwort. Wie dieses Unternehmen aufgestellt ist, können Sie sich vermutlich gut vorstellen. Andererseits treffe ich auf einen 25-jährigen Mitarbeiter, der Marketing verantwortet und mit allen Befugnissen ausgestattet ist. Er kann voll beweglich und selbstorganisiert auf interne und externe Ressourcen zugreifen. Wir erarbeiten ein Konzept und vor dem Ausrollen des neuen Auftritts bindet der Mitarbeiter den Unternehmenseigentümer ein. Nebenbei hat noch ein Bekannter des Mitarbeiters tolle Videos für den Außenauftritt gedreht. Sie können sich garantiert vorstellen, wie diese Firma aufgestellt ist.

In Theorie und Praxis ist Selbstorganisation möglich. Zukünftig wird sie noch mehr im Unternehmensalltag ankommen. Selbstorganisation braucht wichtige Unterstützer.

5.4 Die Unterstützer: Kommunikation, Wissen und Entscheidungskraft

Die einzige Möglichkeit,
Menschen zu motivieren,
ist die Kommunikation.

– Lee Iacocca

Kommunikation für die Zukunft

Laut einer Studie von IW Köln Consult ist die Kommunikationsfähigkeit unbestritten eine der zentral wichtigen Eigenschaften für Menschen in Führungspositionen. Kommunikation hat im Allgemeinen unendlich viele Aufgaben, auf die ich hier nicht näher eingehe. Gerne verweise ich dafür auf mein Kommunikationsbuch „REDE – Vorträge, die berühren, begeistern und bewegen". In diesem Abschnitt beschäftigen wir uns mit den speziellen Aufgaben der Kommunikation für die Zukunft.

Kommunikationskompetenz war in der Arbeitswelt schon immer sehr wichtig. Gertrud Höhler geht sogar so weit und behauptet, dass Topmanager und Unternehmer eine Rechenschaftspflicht gegenüber der Öffentlichkeit haben. Wir leben ihrer Ansicht nach so sehr in einer Informationskultur, dass wir kommunizieren müssen. Die Kompetenz, Informationen richtig zu verarbeiten, ist in der Welt des Wandels noch wichtiger geworden. In einem komplexen Umfeld ist es entscheidend, ohne Missverständnisse und Mehrdeutigkeiten zu kommunizieren. Ziel ist, dass alle über ein und dasselbe sprechen. Es geht um die Einsicht, dass die Kollegen nicht automatisch über eine deckungsgleiche Deutung eines Sachverhaltes verfügen wie man selbst.

Kommunikation kann nur funktionieren, wenn alle Gesprächspartner die Regeln beachten. Die Kommunikationsregeln waren schon immer bedeutsam und erleben mit den Online-Kommunikationsformen über Videokonferenzen und dergleichen eine Renaissance. Ich gehe nicht so weit, virtuelle Meetings als die neue Freiheit zu feiern. Es hat zweifellos Vorteile, an einem Termin per Video teilnehmen zu können. Aber ohne Qualitätsunterschiede zu einem realen Aufeinandertreffen ist das nicht machbar. In der persönlichen Begegnung nimmt man Signale des Gegenübers auf, die das Virtuelle nicht übertragen kann. Wann immer es möglich ist, werde ich die Qualität einer persönlichen Begegnung nicht gegen ein Remote-Erlebnis eintauschen.

Zur Kommunikation gehört auch die unbedingte Fähigkeit, über Kommunikation zu kommunizieren. Wer Metakommunikation führen kann, ist für die Zukunft gut aufgestellt. Zudem baut zeitgemäße Kommunikation Brücken zwischen den Parallelwelten der Generationen.

Zukunftsfähige Kommunikation bedenkt diese Themen mit:

- Kommunikation kann ein Beschleuniger oder Verhinderer sein. Kommunikation kann verbinden oder trennen. In digitalen Zeiten schneller als je zuvor. Multitasking ist nicht unbedingt effektiv und das Smartphone und die permanente Erreichbarkeit können ablenkend sein.

- Im Kommunikationszeitalter erleben wir paradoxerweise einen Mangel an zwischenmenschlicher Kommunikation. Wenn Sie fehlende Kommunikation durch die Digitalisierung kompensieren wollen, machen Sie alles schlimmer. Das persönliche Gespräch ist und bleibt die effektivste Methode.

- Die Generation Z ist vom Kindesalter an mit der elektronischen und technokratischen Kommunikation groß geworden. Sie hat auf einem Tablett gewischt, noch bevor sie sprechen konnte. Die Mitglieder dieser Generation leben einen 24/7-Gedanken, in dem virtuelle und reale Kontakte den gleichen Stellenwert besitzen. Ein Teil der jungen Menschen ist es nicht mehr gewohnt, schriftlich den gewünschten Ton zu treffen. Bilder, Emoticons, Sprachnachrichten, GIFs, kurze Videos oder Live-Streaming ersetzen das geschriebene Wort.

- Moderne Kommunikation macht leicht ablenkbar. Studien bescheinigen den jungen Menschen eine Aufmerksamkeitsspanne von etwa acht Sekunden. So lange können sie sich mit etwas befassen, ohne sich ablenken zu lassen. Die Generation davor hat es immerhin noch auf zwölf Sekunden geschafft.

- Unternehmenskommunikation kann heute nur sein: echte Emotion, kurze Sätze, starke Wörter, reduzierte Darstellung, leichte Lesbarkeit, klare Bildsprache und formatfüllende Fotos. Alles andere ist aus dem letzten Jahrtausend.

Kommunikation hat zukünftig drei zentrale Ausprägungen:

- Sicht auf die Dinge

  Oberstes Ziel ist es, eine gemeinsame Sicht der Dinge zu ermöglichen. In komplexen Zeiten muss es uns gelingen, Themen und Aufgaben auf ein gemeinsames Betrachtungsniveau zu bekommen. Wir müssen wissen, worüber wir sprechen, wofür wir arbeiten.

- Reale Echtzeitkommunikation (Face2Face) ist wichtiger denn je

  Videotools und Konferenzschaltungen haben ihre Berechtigung und sind nicht mehr wegzudenken. Virtuelle Treffen sparen Kosten und Zeit. Das persönliche Aufeinandertreffen am Konferenztisch, im eigenen Büro oder in der Meeting-Zone ist qualitativ niemals zu übertreffen.

- Kontakte herstellen, Kooperation leben und Konflikte lösen

  Alles hängt davon ab, wie gut wir Kontakte aufbauen und halten. Ohne Kooperation sind die heutigen und zukünftigen Aufgaben nicht zu meistern. Kommunikation ist die Basis dafür. Wir müssen in der Lage sein, Konflikte zu lösen, solange sie klein sind.

Kommunikation ist das Fundament für jede Form von Wissenstransfer. Ein kommunikationsarmes oder kommunikationsloses Unternehmen verliert tagtäglich Wissen. Das führt Organisationen ins Abseits.

Wer nichts weiß, muss alles glauben.

– Gruber, Oberhummer, Puntigam

Wissenstransfer und Wissensmanagement

Nach Robert Jungk ist Wissen das einzige Gut, das wir mit anderen teilen können, ohne dabei etwas zu verlieren. Wissensmanagement ist heute mehr als ein Schlagwort. Unternehmen versuchen, das Wissen ihrer Mitarbeiter effizienter zu nutzen. Wissen kann nur geteilt, transferiert und weiterentwickelt werden, wenn die Menschen bereit und fähig sind, mit anderen zu kooperieren. Das Silodenken ist das perfekte Gegenstück zum Wissenstransfer.

Ihr Organisationswissen zu teilen, ist heute erfolgsentscheidend. Es basiert auf dem Transfer des Wissens und dem Umgang mit Wissen innerhalb Ihres Unternehmens. Als zukunftsfähige Organisationen besitzen Sie die Fähigkeit, Ihr Wissen intern zu transferieren und zu verknüpfen. Andernfalls ignorieren Sie die Kraft des kollektiven Wissens. Sie würden dadurch die Souveränität Ihrer Organisation gefährden. Schaffen Sie unter allen Umständen Bedingungen, bei denen das kooperative Verhalten das naheliegende ist.

Erfolgreicher Wissenstransfer setzt voraus:

- Die Menschen müssen erleben, dass alle ihr Wissen zur Verfügung stellen.
- Flache Hierarchien sind hilfreich, ansonsten kommt es zu isoliertem Silodenken.
- Für Wissenstransfer ist Aus- und Weiterbildung unerlässlich.
- Wissensaustausch braucht eine längerfristige Perspektive.
- Wissen zu teilen, baut auf selbstorganisierte und engagierte Mitarbeiter.

Jeder im Unternehmen muss sich überlegen, ob er in der Lage und gewillt ist, Wissen für sich zu behalten. Wissen ist die Basis für tragfähige Entscheidungen.

Das Leben verlangt mutige Entscheidungen. Wer zu spät kommt, den bestraft das Leben.

– Michail Sergejewitsch Gorbatschow

Entscheidungskraft und Entscheidungsqualität

Die Entscheidungsqualität ist ein wichtiges Kriterium für jede Organisation. Doch die hohe Qualität alleine ist zu wenig. Endlose Entscheidungsfindungen sind wie Nichtentscheidungen. Man muss sich auch zeitnah entscheiden. Nichts zu tun, ist keine Option. Entscheidend ist, dass Sie entscheiden.

Warum sind Ihre Entscheidungen so wichtig? Erfolg ist im Wirtschaftsleben die Summe richtiger Entscheidungen. Zudem vertrauen und folgen Mitarbeiter viel lieber einem Leader, der Entscheidungen klar trifft.

Entscheidungsmöglichkeiten und ihre Ausprägungen:

- Entscheidungen von oben vorgeben
  Diese Form ist in Krisensituationen und bei schnell notwendigen Entscheidungen angebracht. Wenn Sie jede Entscheidung so fällen, landen Sie zwangsläufig im Mikromanagement.

- Gemeinsam getragene Entscheidungen
  Hier nutzen Sie das Wissen des ganzen Teams. Der Ent-
  scheidungsprozess ist oft langwierig. Leider einigen sich
  Teams häufig auf den kleinsten gemeinsamen Nenner.
- Operative Entscheidungen auf Mitarbeiterebene
  Im Sinne von Selbstorganisation und Vertrauensbildung
  ist das ein wichtiger Weg. Bei Routineentscheidungen im
  Rahmen von Kompetenzen und freigegebenen Budgets ist
  dies sinnvoll.

Beim Entscheiden lauern viele Fallen. Das Festhalten am Be-
währten oder an vorgefassten Meinungen ist kontraproduktiv. Wir sollten unser Augenmerk viel mehr darauf legen, die
Wahrscheinlichkeit für falsche Entscheidung zu verringern.

Der Entscheidungsprozess selbst kann aus folgenden Gründen schlecht sein:

- unklar ausgearbeitete Entscheidungsalternativen
- nicht vorhandene oder übersehene entscheidungsrelevan-
  te Informationen
- schlecht abgewogene Kosten- und Nutzenfaktoren
- im Weg stehendes Denkverhalten der Entscheider

Was die Entscheidungsqualität verbessert:

- Präsente Informationen nicht zu hoch gewichten
  Bewerten Sie Informationen, die gerade präsent sind,
  nicht mit höherer Relevanz.
- Entscheidung nicht aufschieben
  Verharren Sie nicht im Bestehenden. Bremsen Sie sich
  nicht selbst aus.
- Frühere Entscheidungen revidieren
  Entscheidungen, die sich als schlecht herausgestellt ha-
  ben, müssen Sie revidieren.

- Passenden Informationen nicht automatisiert den Vorzug geben
  Verwenden Sie keine Informationen, die der vorgefassten Meinung entsprechen.
- Auf die Intention vertrauen
  Ihrer Intuition zu vertrauen, liefert oft bessere Ergebnisse als formalisierte Entscheidungen.

Entscheidungen auszusitzen, bis es nichts mehr zu entscheiden gibt, ist der Anfang vom Ende. Der Wandel vom Bestehenden zum Neuen ist immer mit Aufwand verbunden. Das ist Normalität, das darf kein Ausschließungskriterium im Entscheidungsprozess sein.

Die großen Entscheidungen sind immer einzigartig. Führungskräfte vertiefen aber ihr Wissen mit Hilfe der Teammitglieder in den Bereichen, die für die jeweiligen Entscheidungen von Wichtigkeit sind. Die Hauptursache für Entscheidungsfehler liegt nicht bei überirdischen Mächten, den Mitbewerbern, den ignoranten Kunden und anderen unberechenbarer Umständen, sondern beim Menschen selbst. In seiner Person, seinem Wissen, seinem Charakter, seinem Denken und seinem Verhalten. Missmanagement ist personengebunden.

Sie müssen nicht ständig zwischen Gut und Böse wählen, aber Ihre Entscheidungen haben unbestritten Auswirkungen. Alle größeren Entscheidungen verursachen zumindest einmal reine Entscheidungsfindungskosten. Das sollte man nie außer acht lassen.

Entscheiden können bedeutet, nicht zum Getriebenen zu werden und Ansätze zu finden, um zukünftig handlungsfähig zu bleiben.

5.5 Die Ansätze: Skalierbarkeit und Alleinstellungsmerkmal

Skalierbarkeit: Alles Start-up oder wie?

Die Medien und die Wirtschaftswelt verwenden laufend wenig trennscharf mit „Start-up" und „Gründer" zwei Begriffe für unterschiedliche Arten von Unternehmen. Damit verwechselt jemand absichtlich oder unabsichtlich Dinge. Korrekt ist vielmehr, dass ein jedes Start-up gegründet wird, aber nicht jeder Gründer automatisch ein Start-up-Unternehmen leitet. Die Skalierbarkeit trennt hier eindeutig die beiden Geschäftsmodelle.

Eine Trennung von Start-up und Gründer ist unumgänglich:

- Ein Start-up beschreibt ein neues Unternehmen, das sich in der ersten Phase des Lebenszyklus befindet. Am Anfang eines Start-ups stehen im Normalfall eine innovative Idee und geringe finanzielle Ressourcen. Was Start-ups auszeichnet, ist ihre Fähigkeit, in das Skalieren zu kommen. Je besser die Quote Aufwand zu Wachstum ist, desto besser ist diese Skalierbarkeit gegeben. Ziel ist die nahezu grenzenlose Expansionsfähigkeit des Geschäftsmodells. Ein hoch skalierendes Start-up kann schnell und kostengünstig expandieren. Es ist zudem in der Lage, eine gesteigerte Nachfrage auch bedienen zu können. So ein Start-up kann dadurch relativ einfach neue internationale Märkte ansprechen. Dieses Kunststück gelingt meist digitalen Geschäftsmodellen im Kontext von IT, Medien, Life, Technologie und der Kreativwirtschaft. Start-ups können wir unter innovativ, transformativ und technologieorientiert zusammenfassen. Start-ups nutzen oft die vorhandene Infrastruktur.

- Ein neuer Gründer bringt für eine eher traditionelle Branche fachliches Wissen mit und erstellt einen Businessplan. Der neuen Bäckerei oder dem neuen Metallbaubetrieb steht somit nichts mehr im Wege. Das ist dann eindeutig eine Gründung. Auch das Alter des Unternehmers und des Unternehmens sind keine Kriterien, um es als Start-up bezeichnen zu können. Geschäftsmodelle von Gründern sind kaum skalierbar. Hardware-Produkte sind oft an Rohstoffe und Losgrößen gebunden. Somit sind diese Unternehmen nur unter vermehrtem Aufwand überproportional wachstumsfähig. Das macht auch nichts. Nicht jedes neu gegründete Unternehmen muss zwangsläufig auf großes Wachstum ausgelegt sein. Gründer sind vermehrt in traditionellen Branchen und Geschäftsmodellen zu finden. Sie bilden sehr oft die Infrastruktur der Wirtschaft.

Faktoren für ein skalierbares Geschäftsmodell:

- eine hohe Expansionsfähigkeit in neue und internationale Märkte
- geringe Anfangsinvestitionen und relativ kleines Anlagevermögen
- niedrige Fixkosten, die sich auch im Falle der Expansion nicht stark erhöhen
- hoher Automatisierungsgrad und Standardisierung durch Nutzung von Software
- uneingeschränkte oder relativ hohe Kapazitätsgrenzen

Es geht hier nicht um eine Bewertung von Start-up und Gründer, sondern um die korrekte Zuordnung. Die Wirtschaftlichkeit eines Geschäftsmodells und speziell jene von Produkten und Dienstleistungen lässt sich durch einzigartige Merkmale steigern.

Hat heute hier
noch keiner gemacht.

– Michael Manousakis

Alleinstellungsmerkmal

Die einen haben das gewisse Etwas. Die anderen haben das gewisse Nichts. Die Entscheidung dazu trifft aber immer das Unternehmen selbst. Mein Credo lautet: Fangen Sie dort an, wo andere aufhören. Marie von Ebner-Eschenbach wusste bereits vor langer Zeit: *Die meisten Nachahmer lockt das Unnachahmliche.*

Um dauerhaft erfolgreich zu sein, nutzt ein Unternehmen am besten ein Alleinstellungsmerkmal. So grenzt es sich von Mitbewerbern, die ich übrigens als „Marktbegleiter" bezeichne, ab. Ein Alleinstellungsmerkmal ist die Basis für weitere positive Effekte. Unternehmen mit Alleinstellungsmerkmalen geben sich nicht mit dem zufrieden, was sie heute bieten. Sie lösen ihre eigenen Produkte am Markt ab oder tun so.

Es gibt ein Paradebeispiel dafür. Porsche macht es uns seit Jahrzehnten vor. Das Kultmodell 911 wird seit 1963 andauernd neu erfunden. Technisch immer weiterentwickelt, aber optisch bewahrend nur adaptiert. So kann man die Käufer an die ewig zeitlose Form binden. Das Unternehmen wahrt so konsequent sein Alleinstellungsmerkmal.

Mich persönlich hat Mittelmaß noch nie interessiert. Wir haben ohnehin genug Mittelmaß in der Wirtschaft. Dort, wo alle sind, ist nichts zu holen. Dort ist nur die tote Mitte.

Ähnliche Führungskräfte führen ähnliche Unternehmen mit ähnlichen Mitarbeitern, die ähnliche Ideen haben. Dies führt zu ähnlichen Produkten, bei ähnlichen Preisen und ähnlichen Qualitäten. Wer dazugehört, wird es künftig schwer haben.

Ein erfolgreiches und zukunftsfähiges Unternehmen unterscheidet sich von wenig erfolgreichen und weniger zukunftsfähigen Unternehmen durch eines klar. Es sichert sich rechtzeitig bestehende Erfolgspotenziale und schafft neue Erfolgspotenziale. Ohne diese Eigenschaft lässt sich auch durch die größten Anstrengungen aus dem Unternehmen nicht mehr herausholen. Zukünftige Erfolgspotenziale sind dabei ertragreiche Produkte und ergiebige Märkte, die in der Transformation Bestand haben. Eine leistungsfähige Ausstattung, also die analogen und digitalen „Werkzeuge", und eine Kostenführerschaft sind weitere wesentliche Erfolgsbegleiter. Aber auch unternehmerisch denkende Eigen- und Fremdkapitalgeber sind erforderlich. Unverzichtbar sind die qualifizierten und motivierten Mitarbeiter und eine entschlussfähige, auf die Zukunft fokussierte, Führung.

Bleiben Sie gegenüber Ideen offen, sogar dann, wenn Sie vorgeben könnten, selbst alles zu wissen. Was zählt, ist Ihre Bereitschaft, alles zu hinterfragen und das Alleinstellungsmerkmal ständig weiter zu entwickeln. Sie müssen die Richtung selbst bestimmen können. Die Richtung der Organisation und Ihre eigene Richtung. Dabei unterstützen Sie wesentliche Methoden.

5.6 Die Strategien: „Kill your company" und Risikoabwägung

Strategien sind wichtig,
Ziele hilfreich,
Resultate entscheidend.

Strategien für morgen

Die Unternehmensstrategie ist ein Instrument zum zukunftsfähigen Führen. Was die Zukunft angeht, sind wir Leidende an einem Mangel an Information und Wissen. Strategie ist daher auch der Umgang mit Nichtwissen. Ansonsten wäre keine Strategie nötig, sondern nur simple Planung.

Strategie ist keineswegs Taktik, denn diese ist viel zu kurzfristig ausgelegt. Strategie selbst verfolgt langfristige Ziele. Wir müssen die Zukunft strategisch aktiv gestalten und dürfen sie nicht passiv erdulden. Strategie legt fest, welche Schritte für die unternehmerische Vision zu gehen sind.

Zu Strategie stehen sich zwei völlig unterschiedliche Philosophien gegenüber:

- Die klassische beraterorientierte Strategieentwicklung
  Sie setzt eher auf temporäre Optimierung. In kritischen Situationen muss sie naturgemäß sehr kurzfristig agieren. In der Standardisierung der beraterorientierten Strategieentwicklung liegt zugleich der Hauptkritikpunkt.

- Die systemische Strategieentwicklung
  Sie erkennt Komplexität an und baut auf nachhaltige Eingriffe in das System. Systemische Strategieentwicklung optimiert die dauerhafte Überlebensfähigkeit eines Unternehmens quer über alle Hierarchieebenen.

Bei einer Gegenüberstellung der beiden Ansätze sollten wir ein „entweder/oder" vermeiden. Es geht nie darum, was generell richtig ist, sondern was für die jeweilige Situation angemessen ist. Der beste Kenner seines Systems ist noch immer der Betroffene und nicht der Berater.

Ich bin überzeugt, dass es für einen Berater und das zu beratende Unternehmen irrelevant ist, auf welche Theorie die Beratung baut. Entscheidend ist: Kann der Berater dem Unternehmen bei der Problemlösung helfen?

Strategie ist nicht alles, aber ohne Strategie ist alles nichts. Wirklich erfolgreiche Unternehmen zeichnen sich durch originelle Strategien und Resultate aus. Eine eigenständige Performance ist unentbehrlich. Wer immer in die Fußstapfen anderer tritt, hinterlässt keine Eindrücke.

Ich habe das Unternehmen nicht von meinen Eltern geerbt, sondern von meinen Kindern geborgt.

„Kill your company"

Was derzeit in ist und vorangetrieben wird? Ab der Ebene von Konzernen bis hin zum Mittelstand kooperieren viele verstärkt mit Start-ups, um sich deren Kultur anzueignen. Eine Art Frischzellenkur für Organisationen. Grundsätzlich ein toller Ansatz, der aber dementsprechend vor- und aufbereitet werden muss. Eine digitale Transformation von außen erdacht, ist oft nicht so einfach. Nach kurzer Zeit entsteht meist eine Dynamik und man benötigt plötzlich ganz viele neue Mitarbeiter, oder welche mit anderen Qualifikationen oder eben keine mehr. Da fehlt also Erfahrung.

Mein disruptives Prinzip für Unternehmen jeder Größe lautet: „Kill your company". Das ist nicht eine einmalige Übung, sondern eine regelmäßige Auseinandersetzung mit dem Ziel, das Unternehmen zukunftsfähig zu halten. In Kurzform geht es darum, die eigene Firma aus dem Markt zu werfen.

Die Übung „Kill your company" dauert rund einen Tag und läuft meist so ab:

1. Überlegen Sie, wie Sie ihr eigenes Geschäftsmodell untergraben und Ihr Business zerstören können. Ideen dazu: Sie sind ein neuer Konkurrent und verkaufen das gleiche Produkt für ein Drittel des Preises. Sie haben eine völlig neue Technologie und die Kunden brauchen die

Angebote der anderen nicht mehr. Ziel ist in dieser Phase nicht Realismus oder eine exakte Prognose.

2. Wechseln Sie gedanklich zurück auf Ihre Seite und machen Sie sich klar: Da draußen gibt es jemanden, der sich genau diese Gedanken macht, die wir uns gerade gemacht haben.

3. Ordnen Sie Ihre Erkenntnisse von der kleinsten bis zur größten Bedrohung und von der leichtesten bis zur komplexesten Bedrohung. Das werden nicht nur einzelne Punkte, sondern eher Cluster sein.

4. Was sind die drei größten, wahrscheinlichsten und deshalb wichtigsten Bedrohungen? Das sind die Themenfelder, die sofortige Aufmerksamkeit erfordern. Sobald es einen Konsens über die wichtigsten Bedrohungen gibt, sammeln Sie Vorschläge, wie Sie dagegenhalten können.

Der große Vorteil aus „Kill your company": Sie bleiben Gestalter. Sie gehen von einem Szenario aus, bevor es begonnen hat. Sie leiten Gegenmaßnahmen ein, noch bevor eine Krise greift.

Im Endeffekt geht es um den Erhalt und die zukünftige Ausrichtung Ihres Unternehmens. Wir dürfen nicht wie die ahnungslosesten Erben denken, deren Ziel es ist, alles so weiter zu führen wie bisher. Die Einstellung, das Unternehmen geborgt zu haben und für die nächste Generation zukunftsfähig halten zu müssen, gefällt mir viel besser.

Den Tag für „Kill your company" würde ich Ihnen einmal im Jahr mit Ihrem Team empfehlen. Ein Gedankenspiel zur Risikoabwägung finde ich ebenfalls relevant und wichtig.

Wer eine Zukunft sieht, besitzt die besseren Chancen.

Risikoabwägung:
Das Boot versenken oder das Boot verpassen

Führungskräfte und Unternehmer sind zwei Arten von Risiken ausgesetzt:

- Das Risiko, das Boot zu versenken
  Das könnte passieren, wenn eine Organisation einen mutigen Schritt macht, der sich als Fehltritt herausstellt und schiefgeht. Die meisten Unternehmen sind sehr gut darin, mit diesem Risiko umzugehen. Dafür gibt es detaillierte Business-Modelle und Finanzpläne, Marktforschung und Risikoabschätzungen. Viele Organisationen sind so sehr mit dem Vermeiden von Risiken beschäftigt, dass sie mutige Schritte verhindern. Das führt zu Erstarrung, Innovationsstau und dazu, den Anschluss zu verlieren.

- Das Risiko, das Boot zu verpassen
  Eine zu defensive Risikovermeidung führt keineswegs zu einem niedrigeren Risiko, sondern nur zu einer Risikoverschiebung auf eine andere Ebene. Unternehmen, die zu sehr mit dem Absichern des Status quo beschäftigt sind, wiegen sich in einer trügerischen Sicherheit. Je sicherer sie sich sind, dass sie das Boot nicht versenken, desto mehr übersehen sie das Risiko, das Boot zu verpassen.

Wann immer Sie mutige Entscheidungen zu treffen haben, fragen Sie sich, welches Risiko Sie eigentlich vermeiden wollen.

Ein Boot zu versenken oder ein Boot zu verpassen, beschreibt Risiken, denen Unternehmen ständig begegnen. Das Gegenteil eines Risikos bezeichne ich als Chance. Die Chance, das Boot schwimm- und steuerfähig zu halten und die Chance, zu neuen Ufern aufzubrechen. Dazu können zwei Begleiter hilfreich sein.

5.7 Die Begleiter: Agilität und Wirtschaftlichkeit

Die agile Organisation ist kalter Kaffee.

– Stefan Kühl

Agilität war gestern

Bei der gegenwärtigen Agilitätsschwemme frage ich mich ständig eines: Meinen die Protagonisten agiles oder situationselastisches Handeln? Agil sein bedeutet nichts anderes, als beweglich auf beweglichen Märkten zu sein. Wie diese Beweglichkeit erzeugt wird, scheint am Ende egal zu sein. Ohne zu hinterfragen, ob es für das eigene Unternehmen passt, gehen viele automatisch davon aus, dass agile Teams die Lösung brächten.

Dabei hat Agilität in manchen Situationen überhaupt nichts verloren. Wer möchte versuchen, stark operative Bereiche mit Agilität zu optimieren? Wer möchte eine agile und bewegliche Gesetzgebung? Wer möchte agile Chirurgen, die sich ständig neu erfinden und versuchen? Wer möchte agile Studienpläne die sich mehrmals im Semester ändern? Wer möchte agile Verkehrsregeln?

Agile Transformation macht Organisationen nicht unbedingt kostengünstiger, schneller, besser. Sie sorgt für mehr Flexibilität, kann aber oftmals die hoch gesteckten Erwartungen nicht erfüllen. Ich plädiere für weniger „Buzzword-Agilität".

Die Prinzipien der Agilität sind keineswegs neu. Beeindruckend ist die Kreativität, mit der immer wieder neue Begrifflichkeiten auftauchen. 1970 hat Alvin Toffler behauptet, dass aufgrund der Dynamik in der Umwelt die flexible Organisation unbedingt notwendig ist. 1980 spielte dann das innovative Unternehmen eine große Rolle. 1990 kam die lernende Organisation. Was also heute unter dem Begriff der „agilen Organisation" propagiert wird, ist kalter Kaffee.

Wieviel agil ist agil genug? Agil ist für jedes Unternehmen anders und Agilität ist ein Prozess. Design Thinking ist als anscheinend „agile" Methode noch lange keine Agilität im Sinne von Beweglichkeit. Ob man damit Reaktionsschnelligkeit erzeugt, ist fraglich. Unternehmenskulturen ändern sich nur sehr schleichend. Da helfen weder Schwärme, also Schwarmintelligenzen, noch Methoden. Die Erwartungen an dieses „Agil" werden vielfach enttäuscht. Dabei wird der Begriff immer noch kreuz und quer und für zu vieles verwendet.

Agilität ist eine Frage des Mindset. Wer Zukunftsentwicklungen im Blick hat, bemüht sich, Märkte und Menschen in deren Wechselwirkungen zu verstehen.

Was bringt Unternehmen dazu, von sich als „agil" zu sprechen. Es ist manchmal nur der Wunsch dazuzugehören. Diese Unternehmen können nach ihrer Agilität befragt, höchstens sagen, dass sie im Moment agil genug sind, um Kundenbedürfnisse zu erfüllen. Agil ist, wenn ein Unternehmen schnell auf Veränderungen reagiert, auf welche Art und Weise auch immer. Das kann genauso gut auch autoritär und von oben diktiert sein.

Sind Sie agil genug?

- Entsteht wirklich Innovation, wenn Sie agile Strukturen bereitstellen?
- Wohin bringt Sie Ihre Agilität?
- Wissen Sie, was Ihre Kunden heute treibt und morgen treiben wird?

Agilität kann funktionieren, wenn man Zukunft als Folge von Co-Kreation begreift, auf Partnerschaften setzt und Chancen nutzt. Agilität hat für mich eine große Berechtigung: Erfolgreiche Firmen gehen heute von den Interessen der Kunden aus und denken nicht so sehr als Produkthersteller.

Agilität hin oder her, ohne Basiswissen nützt die ganze Beweglichkeit nichts. So fällt beispielsweise Wirtschaftlichkeit nicht vom Himmel.

Die Zukunft ist nicht gratis.

Wirtschaftlichkeit beeinflusst Zukunftsfähigkeit

Wer zu früh an die Zahlen denkt, tötet die Kreativität. Wer zu spät an die Zahlen denkt, tötet das Unternehmen. Bei allem, was wir an Führung, Kultur und Zukunft beachten, dürfen wir den Blick auf die Zahlen nicht vergessen. Die besten Zukunftsideen werden nie real, wenn das Unternehmen zahlenmäßig nicht zukunftssicher aufgestellt ist.

Diese Thematik scheint banal zu sein. Lassen Sie uns jedoch bedenken, was in den ersten Monaten des Jahres 2020 geschah. Die unterschiedlichsten Unternehmensgrößen in beinahe allen Branchen wurden blitzartig durch die Auswirkungen der Covid-19-Pandemie in ihrer Existenz bedroht. Mangelnde Reserven auf der einen und überbordende Verbindlichkeiten auf der anderen Seite beschleunigten den Prozess enorm. Manche Unternehmen hatten ganz offensichtlich seit langem ihre Zahlen nicht im Griff. Im Krisenfall ließ sich das nicht mehr verbergen. Die Wackelkandidaten verließen als erste die Bühne des Wirtschaftens.

Oftmals genügen bereits „normale" Herausforderungen, um Unternehmen in Schieflage zu bringen. Nicht vorhandene Reserven sind im Normalbetrieb gefährlich, in der Krise sind sie für Unternehmen tödlich.

Die Zahlen im Griff zu haben bedeutet, wenige Punkte zu beachten:

- Zahlen im Nachhinein zu betrachten und zu analysieren, ist zu wenig. Das ist nicht Unternehmensführung, das sind nur begleitende und aufbereitende Maßnahmen.

- Der zahlenverantwortliche Eigentümer, Geschäftsführer oder CFO, muss das Unternehmen im positiven Sinne vor sich hertreiben und zahlenmäßig steuern.

- Kostenbegriffe (Fixkosten, Transaktionskosten, Variable Kosten, Grenzkosten, etc.) und deren Auswirkungen müssen verstanden und korrekt verwendet werden.

- Anlagenkosten, Maschinenstundensätze und Instandhaltungskosten sind klar zu definieren und periodisch zu überprüfen.

- Ein intelligentes Fuhrpark- oder Flottenmanagement ist heute eine Standardlösung und zugleich einfach zu gestalten.

- Nur wer seine tatsächlichen Kosten kennt, kann Kalkulationen und Angebote richtig erstellen.

- Ein Kostenbewusstsein ist quer über alle Positionen und Abteilungen wichtig.

Niemand erwartet, dass Sie Ihren Kontostand bis auf die letzte Kommastelle kennen, John Maynard Keynes meinte dazu: *Besser grob richtig, als exakt falsch.*

Die Grundprinzipien des Wirtschaftens bleiben auch in Zukunft relativ einfach. Das Verhältnis aus Eigen- und Fremdkapital ist zu beachten. Investitionen in die Zukunft sind vorab zu verdienen. Die Dienstleistungen und Produkte müssen Gewinne erwirtschaften. Steuern und Sozialabgaben sind fristgerecht zu bedienen.

Das klingt für manche hart und bestimmend. Fest steht, Beweglichkeit ist für Unternehmen ohne finanziellen Spielraum kaum vorstellbar. Diesen finanziellen Spielraum muss sich ein Unternehmen erarbeiten. Eine gute finanzielle Basis alleine macht noch nicht zukunftsfähig. Die Arbeitswelt an sich muss ideal gestaltet sein.

5.8 Zukunftsfähige Arbeitswelt

Alles Open Workspace – ein Traum?

Lassen Sie uns träumen. Die Lage Ihres Unternehmens ist verkehrsgünstig, aber trotzdem sehr ruhig. Ihr Gebäude steht direkt am Wasser in einer Großstadt. Im Eingangsbereich ist eine Meeting-Zone mit einer langen Bar und dahinter befindet sich ein flexibler Konferenzraum über zwei Stockwerke. Darüber frühstücken und essen die rund 70 Mitarbeiter. Zwei Köche sorgen für gesunde und köstliche Ernährung. Was vom Tag übrig bleibt, können sich die Mitarbeiter vakuumverpackt mit nach Hause nehmen. Kaffee, Tee, Fruchtsäfte, Wasser, Snacks, Obst, Gemüse, Nüsse und Trockenfrüchte sind an einer langen Theke zur Selbstentnahme aufgereiht. Anmerkung: Sämtliches Essen und alle Getränke übernimmt natürlich das Unternehmen.

In den nächsten Stockwerken wechseln sich offene Räume mit Besprechungszimmern und abgetrennten Büros unterschiedlicher Größen ab. Teeküchen, Toiletten und Duschen gibt es natürlich auf allen Ebenen. Das hauseigene Fitnessstudio haben wir beinahe übersehen. Eigene verschließbare Telefonzellen mit Designerstühlen und Ablagemöglichkeiten schaffen Ruhe für die anderen Mitarbeiter auf der Etage. Immer wieder sind die Decken durchbrochen, um große und offene Denk- und Meeting-Zonen zu ermöglichen. Ihre Augen sehen auch Sofas und Wohnlandschaften, die zu Besprechungen dienen. Höhenverstellbare Tische, Hocker und vieles mehr sind Standard. Begrünte Terrassen und Balkone dienen als Pausen- oder Besprechungsräume. Eine eigene Wissensbibliothek als Ruhe- und Rückzugsort finden Sie ganz oben im Gebäude. Sie blicken aus dem siebten Stock hinunter auf das Wasser ... Und jetzt werden Sie wach.

Sie träumten definitiv nicht vom Google-Konzern, bei dem Essen, Trinken, Gymnastik, Wäscheservice, Fahrt zur Arbeit und vieles mehr kostenlos sind. Dort, wo Mitarbeiter 20 Prozent ihrer Arbeitszeit mit persönlichen Projekten verbringen dürfen, die anfangs nichts mit dem Google-Geschäft zu tun haben müssen.

Ihr Traum brachte Sie nicht nach Kalifornien, sondern nach Nordrhein-Westfahlen. Am Medienhafen in Düsseldorf finden Sie genau dieses erträumte Unternehmen. Die Invision AG ist keine Vision, sondern Realität.

Die Zeit der Einzelbüros und kontaktverhindernden Firmenarchitekturen sind gezählt. Genauso verabschieden wir uns von Massenbüros. Die Mischung macht es aus. In reinen Großraumbüros fehlen die Rückzugsmöglichkeiten und die Schwarmintelligenz entwickelt sich nicht, wie erwünscht. Das erforschten Ethan Bernstein und Stephen Turban für eine Harvard Studie. Die Gründe dafür vermuten die Forscher im Bedürfnis nach Privatsphäre. Das lebhafte Umfeld und die anhaltende Aktivität anderer ringsum senken die Produktivität durch verringerte Konzentrationsfähigkeit. Wo Rückzugsmöglichkeiten fehlen, schaffen sich Mitarbeiter durch Kopfhörer einen Abstand. Die Flucht in digitale Kommunikation, die persönliche Kontakte zu vermeiden hilft, ermöglicht Freiräume.

Kooperation braucht die Gelegenheit dazu, sowohl räumlich als auch zeitlich. Büros, Arbeitsplätze, Meeting-Zonen und Pausenräume müssen zum Gespräch und Austausch einladen. Wichtige Kooperationspartner sollen ohne großen

Aufwand für direkte Gespräche erreichbar sein. Wir sprechen in diesem Zusammenhang vom Aufforderungscharakter der Umwelt.

Unternehmen erwarten von Mitarbeitern mehr Flexibilität. Mitarbeiter erwarten von Unternehmen zeitgemäße und flexible Modelle. Das klingt eigentlich logisch und einfach.

Flexible Arbeitszeiten, Anwesenheit und Homeoffice

Viele Unternehmen verstanden und verstehen es nicht, welche Kraft in flexiblen Arbeitszeiten und ebensolchen Anwesenheiten liegt. Jene, die bloße Anwesenheit als einziges Maß kennen, denken sicher auch, dass Arbeitszeit gleich Leistungszeit ist.

Hier prallten seit jeher Welten aufeinander. Die Trägheit des Systems war schwer aufzubrechen, bis dieser kleine Virus, ausnahmsweise war es kein Computervirus, mit riesigen Auswirkungen die weltweite Wirtschaft lahmlegte. Plötzlich waren Flexibilität und Homeoffice angesagt. Die Langzeitwirkung des Effekts bleibt abzuwarten.

Wer generell flexible Arbeitszeiten und Homeoffice ablehnt, entledigt sich damit auch gleich den jungen Talenten. So achtet die Generation Z insbesondere darauf, wo sie zu welchen Bedingungen einsteigt. Die Möglichkeit auf Homeoffice spielt für sie eine entscheidende Rolle. Flexibilität ist für diese Generation ein wesentliches Arbeitgeberkriterium. Ohne diese Möglichkeit würde fast die Hälfte einen angebotenen Job nicht annehmen. Anwesenheitspflicht macht Arbeitgeber also unattraktiv.

Unterschiedliche Modelle und ihre Vor- und Nachteile:

- Flexible Arbeitszeiten
Die klassische Kernarbeitszeit verliert an Relevanz. Die gesteigerte Flexibilität der Arbeitswelt betrifft viele Unternehmen. Gleitzeit ohne Kernzeit wird immer beliebter. Die daraus resultierende Vertrauensarbeitszeit setzt ein hohes Maß an Eigenverantwortung und eine entsprechende Unternehmenskultur voraus. Eine Studie der Foster School of Business an der Universität Washington macht unter anderem deutlich:
  - » Anwesenheitspflicht macht nicht produktiver
  - » Anwesenheitspflicht fördert das Mikromanagement
  - » Freie Zeiteinteilung macht zufriedener

- Anwesenheit
In manchen Berufen ist eine Anwesenheitspflicht obligatorisch. Köche, Installateure oder Chirurgen schaffen es wie viele andere keinesfalls, im Homeoffice zu arbeiten. Das Deutsche Institut für Wirtschaftsforschung gibt an, dass rund 40 Prozent aller Berufe von zuhause aus erledigt werden können. In Unternehmen gibt es für Fleiß eine Messlatte. Diese Messlatte heißt noch zu oft Anwesenheit. Je höher jemand aufsteigt, desto stärker gilt die Anwesenheit als Indikator für Loyalität und Leistungswillen. Hier ist Umdenken gefordert. Das als Zeitsouveränitätsprinzip benannte Modell ist ein Beispiel dafür. Es hat ein Credo: Was zählt, ist das Ergebnis und nicht die Anwesenheit.

- Homeoffice
Inwiefern Beschäftigte im Homeoffice arbeiten können, hängt vom Digitalisierungsgrad des Arbeitgebers ab. Homeoffice heißt nicht strukturloses Arbeiten. Durch Regelmeetings, Rituale und auch Zielvorgaben bleiben die

Mitarbeiter nahe am Unternehmen. Eine zweijährige Studie aus Stanford beweist, dass das Arbeiten von zuhause aus die Produktivität signifikant steigert. Mitarbeitern wird Vertrauen und Flexibilität geschenkt. Beides wird von den Menschen nicht ausgenutzt. Studienteilnehmer klagten jedoch über Isolation im Homeoffice, zugleich leisten sie eher unbezahlte Mehrstunden. Eine Mischung aus Büroalltag und Homeoffice ist ideal.

Die geleistete Arbeit wird in zukunftsfähigen Unternehmen an der Zielerreichung gemessen, nicht an der bloßen Anwesenheit am Arbeitsplatz. Für Führungskräfte bedeuten flexible Arbeitszeiten und Homeoffice einen Kulturwandel. Die Anwesenheitskultur wird zum Auslaufmodell, das Vertrauen in die Mitarbeiter ist angesagt. Führungskräfte müssen verstehen, dass Zeit nicht gleich Leistung ist.

Die Möglichkeiten für flexible Arbeitszeiten und Homeoffice sollen Unternehmen in Stellenanzeigen nicht nur erwähnen, sondern hervorheben. Damit sind Unternehmen für Bewerber attraktiv. Damit werden Mitarbeiter mehr und mehr zum Gestalter ihrer eigenen Arbeit. Das sind Freiheitsgrade, die für sie interessant sind. Unternehmen müssen als Konsequenz daraus Kompetenzen aufbauen, um virtuelle Mitarbeiter einzubinden und zu führen.

Virtuelle Teams und virtuelle Führung

Mitarbeiter, die morgens im Büro eintreffen und dieses abends wieder verlassen, sind immer weniger der Standard. Das Arbeiten in virtuellen Teams bringt einige Vorteile und Risiken mit sich. So können Mitarbeiter mit einem hohen Grad an Eigenorganisation flexibel und ortsunabhängig zusammenarbeiten. Virtuelle Teams sparen Mobilitätskosten und optimieren die Zeitressourcen. Ein virtuell geführtes Team ist aber abhängig von der Kommunikationstechnologie. Ein mangelndes oder fehlendes Feedback durch die Führungskraft ist ebenfalls ein Nachteil.

Ein Forschungsprojekt der Universität Lüneburg nennt Vorteile von „Distance Leadership":

- erhöhte Selbständigkeit der Mitarbeiter
- neue Anreize
- mehr Vertrauen
- weniger Mitarbeiterfluktuation
- strukturierteres Arbeiten

Zukunftsfähige virtuelle Führungskräfte besitzen ein positives Menschenbild und ein niedriges Kontrollbedürfnis. Sie schaffen es, mit ihren Mitarbeitern realistische Ziele zu vereinbaren und ihnen konstruktives, förderndes Feedback zu geben. Zudem sind sie gute Kommunikatoren und vertraut mit modernen Kommunikationstechnologien.

Die wichtigsten Führungsaufgaben in virtuellen Teams sind:

- Vertrauen: abhängig von der Zeitspanne der Zusammenarbeit und Kommunikation
- Kommunikation: offene Team-Meetings und Vier-Augen-Gespräche
- Arbeitsabläufe: müssen vom Team angenommen und unterstützt werden
- Team-Entwicklung: lösen von Konflikten und Wahrnehmungsunterschieden

Virtuelles Führen fordert. Für die Zukunft darf uns kein Weg zu weit, keine Anstrengung zu groß und kein Aufwand zu viel sein. Virtuelles Führen ist ein Aspekt der Zeit und der Zukunft.

5.9 Unternehmerische Zukunft

*Die Herausforderung
der unbekannten Zukunft
ist viel spannender als
die Geschichten der Vergangenheit.*

– Simon Sinek

Wo oben ist, ist selten vorne

Wer ganz oben angekommen ist, erkennt oftmals etwas Irritierendes. Oben erwarten einen überbordende Bürokratie, langweilige Routinen, lähmende Leerzeiten, Konferenzen ohne Ergebnisse, alles Mögliche, nur nicht das, weshalb man nach oben wollte. Die Idee war es doch, etwas zu entscheiden und zu verbessern.

Wer es früher nach oben schaffte, hatte sich das auch „verdient". Führung legitimierte sich schlicht durch Führung. Und oben war immer vorn. Die Führungsformel war lange Zeit zu einfach. Selbst heute überdauert in rückwärtsgerichteten Organisationen ein unfassbares Prinzip: Oben wird gedacht, unten wird gemacht. Und zwischen den Ebenen wird noch schön zugemacht. Die herübergeretteten Prinzipien aus der Vergangenheit verlieren trotzdem mehr und mehr an Boden.

Die Verhältnisse stehen auf dem Kopf. Wenn Wissensarbeiter, also Spezialisten und Experten, die wichtigsten und zentralen Kräfte sind, dann können Führungskräfte fachlich nicht mehr überlegen sein. Oben, im Sinne von vorne, ist heute dort, wo Leader die Fähigkeiten und Talente anderer organisieren. Oben ist dort, wo wirtschaftliche Kollaboration, also die Organisation der Zusammenarbeit, ermöglicht wird. Das klingt für manche wie eine unbekannte Zukunft, ist aber realer und spannender als vieles andere.

Ein Mitarbeiter braucht Spielraum, um den Weg zum Ziel selbst zu finden. Auch wenn sein Chef es anders gemacht hätte. Wo oben ist, ist selten vorne. Vorne wird die unternehmerische Zukunft gestaltet.

Leader befassen sich mit den Aufgaben und Zielen von morgen. Sie gehen nicht im Tagesgeschäft unter.

Unternehmerische Zukunft gestalten

Verkürzende und zugleich universelle Erfolgsrezepte dürfen Sie von mir nicht erwarten. Darum kümmern sich andere. Für individuelle Unternehmen sind vereinfachte Erfolgsmythen gänzlich ungeeignet. Alles an Verallgemeinerungen war schon einmal da. Es gibt zu viele alte Antworten auf die neuen Herausforderungen. Wer sich nur den Tagesproblemen stellt, kann nichts Wesentliches gestalten. Er wird im Heute verhaftet und hängen bleiben. Leader hingegen befassen sich idealerweise mit den Aufgaben und Zielen von morgen. Und übermorgen.

Die Geschwindigkeit der Veränderung in Wirtschaft und Gesellschaft ist naturgemäß hoch. Der Anpassungsdruck auf Unternehmen und Institutionen ist zur Gewohnheit geworden. Damit auch der auf die Menschen, die Organisationen steuern.

Geringe Veränderungen und Anpassungen, die Notwendiges zu lösen versuchen, sind definitiv zu wenig. Sorgen Sie besser für ein neues Ziel, bevor die alten Ziele abhanden kommen. Dafür stellen Sie sich als verantwortungsvoller Entscheidungsträger eine Frage: Wie muss ich mein Unternehmen gestalten, damit wir in einer komplexen Umwelt nachhaltig erfolgreich sind?

Vorteile von Unternehmen gründen auf Führungsvorteilen. Ihre Art zu führen unterstützt Sie heute, Ihre Herausforderungen von morgen zu bewältigen.

Das Wichtigste an der Zukunft ist die Zeit davor.

– Ernst Ferstl

Das Gestern, das Heute und das Morgen und die jeweiligen Gedankenmodelle

- Gestern: Es genügte vielen, ihr Unternehmen mit den Erfolgsrezepten von früher zu managen.
- Heute: Manche empfinden es modern genug, irgendwie am Puls der Zeit zu sein.
- Morgen: Nur eines zählt wirklich: Das Unternehmen von der Zukunft her zu führen.

Der Mensch ist in der Lage, bei Motiven zu unterscheiden, ob sie aus der Vergangenheit oder aus der Zukunft stammen. Die Ausbildung dieser Fähigkeit macht den Menschen zukunftsfähig. Der Mensch ist nicht ausschließlich von der Vergangenheit her determiniert, er kann sich von der Zukunft her selbst bestimmen und entwickeln.

Weitsichtige Führungskräfte entwickeln Antworten auf die drei Warum-Fragen:

- Warum haben gerade wir im digitalen Zeitalter noch eine Daseinsberechtigung?
- Warum sind wir morgen noch relevant?
- Warum sind wir für die kommenden Aufgaben qualifiziert?

Die Zukunft größer als die Vergangenheit zu machen, bedeutet letztlich Wachstum. Es sind nicht immer die lauten und schaumschlagenden Akteure mit großen Gesten, die den Weg nach vorne für sich gepachtet haben. Empathischen und intuitiven Menschen gelingt es oft besser, in die Zukunft zu weisen.

In vielen Unternehmen wird nur in Lösungen gedacht, es ist wesentlich besser, in Chancen zu denken. Wachstum, Wettbewerb, Krisensituationen und Unternehmertum erfordern Zuversicht und Vertrauen, nie Misstrauen und Hilflosigkeit. Vorausblickende Unternehmen warten nicht, bis eine zugespitzte Situation die notwendige Veränderung erzwingt. Sie stellen sich auf die Zukunft ein, bevor andere es tun.

Die Zukunft hängt davon ab, was wir heute tun.

– Gandhi

Für die Gestaltung der unternehmerischen Zukunft gibt es drei Aspekte

- Der Erneuerungsaspekt:
  Was ist Ihr Schlüssel dafür?
  Erneuerungsmanagement basiert nicht auf der Technologie, sondern auf Ihrem Personal. Kümmern Sie sich um motivierte und leistungsorientierte Mitarbeiter. Neuausrichtung begünstigen Sie durch Vertrauen und Vorbildwirkung.

- Der Aspekt des Wandels:
  Wie erreichen Sie ein hohes Transformationsniveau?
  Die besten Transformationserfolge entstehen durch eine ideale Unternehmenskultur. Übliches zu hinterfragen und Bewährtes zu verbessern, muss der unternehmensinterne Standard sein.

- Der Leadership-Aspekt:
  Wie treiben Sie Innovationen gekonnt voran?
  Sie müssen hinter Ihren Mitarbeitern stehen. Mitarbeitergespräche, eine optimierte Ausbildung und der richtige Mensch am richtigen Ort sind ein Erfolgsgeheimnis. Ziel ist es, die Identifikation, Zufriedenheit und Motivation der Mitarbeiter zu erhöhen. Dieses Bestreben schafft Vertrauen.

Erneuerung, Wandel und Leadership gehen Hand in Hand. Die Fähigkeit, Markt- und Kundenwünsche vorwegzunehmen, ist erstrebenswert. Dazu braucht es auch Intuition und Kreativität. Kreativität wird heute von Führungskräften einfach gefordert.

Es sind nur jene Führungskräfte interessant, die im Dienst der Zukunft die richtigen Entscheidungen treffen.

– Linda Pelzmann

Von der Zukunft her führen

Von der Zukunft her führen hat das Ziel, die erwünschte Unternehmenszukunft gedanklich vorwegzunehmen. Zukunftsfähige Leader geben wegweisende Ziele aus. Sie fokussieren die Aktivitäten, konzentrieren sich auf Stärken und geben der Zukunft ein Bild. Als Leader streben Sie nicht nach Behaglichkeit, sondern ergreifen Maßnahmen zur Vermeidung von Selbstzufriedenheit. Sie fördern transformative Veränderungen noch bevor Ihre Organisation von außen dazu gezwungen wird.

Eine zukunftsfähige Unternehmensleitung versucht folgendermaßen zu agieren: Die Führungsverantwortlichen sind willens und fähig, die Zukunft aktiv zu gestalten. Im Mittelpunkt ihres Handelns stehen die Neuausrichtung und ihre konkreten Schritte. Der Zukunftsentwurf und dessen Umsetzung müssen definitiv im unternehmerischen Alltag ankommen.

Drei Fragen müssen Sie für sich klären:

- Unternehmensleitbild: Wofür steht unser Unternehmen?
- Unternehmensziel: Wohin will ich mit meinem Unternehmen?
- Unternehmensstrategie: Wie komme ich dort hin?

Ihr Ziel muss klar und überzeugend sein. Als zukunftsfähiges Unternehmen halten Sie nicht nur mit anderen Schritt, Sie werden vorausdenken und vorangehen. Unternehmen mit Zukunft investieren laut einer Studie mehr in ihre Entwicklung als Vergleichsunternehmen. Zusätzlich reinvestieren sie einen höheren Prozentsatz des jeweiligen Jahresüberschusses.

Ausschlaggebend für den hohen Identifikationsgrad der Menschen im Unternehmen sind die begleitende Kommunikation und die tatsächliche Umsetzung. Wer sich mit der Unternehmenszukunft identifiziert, will nicht warten. Der Wartesaal ist kaum attraktiv. Menschen wollen mitgestalten und umsetzen. Menschen wollen Zuversicht spüren.

5.10 Zuversicht und Zukunftsinvestitionen

Der Erfolg ist ein Hund.
Er gibt dir immer recht.

– *Falco*

Erfolg alleine ist ein schlechter Begleiter für die Zukunft

Der Erfolg gibt einem immer recht. Doch wo es ein Rauf gibt, gibt es auch ein Runter. Es muss sogar ein Runter geben, sonst sieht man sich nicht richtig. Die Erfolge von gestern dürfen niemanden mehr beruhigen. Das ungefilterte Herunterladen von noch so erfolgreichen Mustern aus der Vergangenheit ist kontraproduktiv. Wo Erfolg ist, ist nicht immer Zukunft zu finden.

Aus Erfolgen lernen wir tendenziell viel zu wenig:

- Im Erfolg hinterfragen wir uns kaum oder überhaupt nicht
  Wir reflektieren nicht, was unseren Erfolg ausmacht und ob das auch künftig gültig ist. Solange alles glatt läuft, vergessen wir uns selbst zu hinterfragen.
- Erfolge machen uns zu optimistisch
  Euphorie und Überoptimismus führen zu überheblichen Denkweisen: Das haben wir schon immer so gemacht. Das hat doch schon immer funktioniert.
- Erfolge bremsen unser Lernen
  Gewohnheiten und Bequemlichkeiten bremsen uns aus. Lernen bedeutet zu erkennen, warum etwas passiert ist und wie wir wachsam bleiben können.

Spannender und wichtiger als vergangenen Erfolg zu „besitzen", finde ich die Fähigkeit, neue Erfolgspotenziale zu erkennen und zu erschließen. Was an Potenzialen übersehen wird, lässt sich nachträglich nicht mehr kompensieren.

Zukunftsfähige Unternehmen kümmern sich um neue digitale Produkte oder Dienstleistungen und stellen den Kunden in ihr Zentrum. Diese Unternehmen erkennen, dass sie mit Hochdruck ihr Geschäftsmodell justieren und neue Erfolgsmodelle kreieren müssen. Das bedeutet, nicht erfolgsversprechende Geschäftsmodelle zu ändern oder ganz aufzugeben. Besser heute als morgen.

Das richtige Zukunftsinvestment dieser Unternehmen ist zugleich ihre Überlebensfrage. Ganz oben steht nicht vorrangig der Erfolg von gestern. Ganz oben steht: Zuversicht.

Wir dürfen jetzt nur nicht den Sand in den Kopf stecken!

– Lothar Matthäus

Zuversicht – eine erstrebenswerte Zukunft

Zum Thema Zuversicht zitiere ich aus einem Interview, welches Falco im Oktober 1986 einer renommierten Musikzeitschrift gegeben hat: *Wenn du mich heute auf die Straße setzt und du gibst mir eine Mark und sagst: „Du bist ein Niemand", dann fahr ich mit dem Autobus ins Studio und fange wieder von vorne an. Mit Zuversicht wird man als Künstler ein Weltstar. Was bringt Zuversicht in einem Unternehmen?*

In der aktuellen VUKA-Welt ist auch die Einstellung von zentraler Bedeutung. Wie behält man in einem Unternehmen bei aller Veränderung die nötige Orientierung und probiert mutig neue Formen der Zusammenarbeit aus? Kaum etwas wirkt hier so stark wie die Zuversicht, die Herausforderungen gemeinsam zu bewältigen.

Gesellschaft und Wirtschaft waren schon immer komplex. Diese Komplexität macht es naturgemäß unmöglich, zukünftige Entwicklungen realistisch vorherzusagen. Ohne Zuversicht würde niemand etwas investieren, ein Haus bauen, eine Firma eröffnen und vermutlich morgens eine Türklinke eines Unternehmens in die Hand nehmen. Für eine positive Zukunft ist entscheidend, wie wir heute handeln, welche Weichen wir stellen und welche Schienen wir generell legen.

Ist Zuversicht wirklich angebracht? Ist sie aktuell angebracht, angesichts sozialer, ökologischer, wirtschaftlicher und politischer Probleme? Fakt ist: Zuversichtlichen Menschen und Organisationen geht es auch in unsicheren Zeiten besser. Optimisten sind leistungsfähiger, erleben mehr Befriedigung im Arbeitsalltag und finden dort Lösungen, wo Pessimisten gerne aufgeben. Viele Gründe also, etwas für die eigene Zuversicht zu tun. Gute Gründe, Zuversicht zu fördern und den Sand nicht in den Kopf zu stecken, oder umgekehrt.

Zuversicht ist eine feine Sache. In Zusammenhang mit ihr bringen wir die Begriffe: Optimismus, Zukunftsglaube, Fortschrittsglaube, Gottvertrauen, Hoffnung, Zutrauen oder Lebensmut. Was die wichtigste Wirkung von Zuversicht ist? Optimisten leben gesünder. Zuversicht ist laut Studien gesund, weil sie uns vor Stress und Angst schützt.

Ein Leader beeinflusst zwangsläufig die Ziele und Motive seiner Mitarbeiter. Menschen vertrauen eher einem Leader, der Zuversicht vermittelt und eine Perspektive bietet. Also einem Leader, der auf die wichtigen Existenzfragen der Organisation und damit auch der Mitarbeiter Antworten geben kann. Dabei lenkt der Leader seine Gefolgsleute maßgeblich durch das Können und den Willen, die Zukunft positiv zu gestalten.

Zuversicht hat viel mit der inneren Einstellung und unserer Attitüde zu tun. Zwei Eigenschaften sind laut der Definition von Zuversicht wesentlich:

- Starkes Vertrauen, dass sich die Dinge so entwickeln werden, wie man es sich erhofft.
- Das Selbstvertrauen in sich oder die Selbstwirksamkeitserwartung.

Die vom Psychologen Albert Bandura entwickelte Selbstwirksamkeitserwartung bezeichnet die Annahme, gewünschte Handlungen selbst ausführen zu können. Ein Mensch, der daran glaubt, selbst etwas bewirken zu können, verfügt über eine hohe Selbstwirksamkeitserwartung.

Der Zuversichtliche ist überzeugt, einen wirksamen Beitrag leisten und herausfordernde Situation meistern zu können. Das hat mit dem psychologischen Begriff der selbsterfüllenden Prophezeiung zu tun. Eine augenzwinkernde Anmerkung: Wie sagte schon Helmut Fischer in seiner Rolle als Monaco Franze? *Ein bisserl was geht immer.*

Die Schattenseite von Zuversicht heißt Überoptimismus. Natürlich lässt sich mit Zuversicht alleine nicht alles erreichen. Illusionärer Optimismus und naives Wunschdenken sind regelrecht gefährlich und haben schon so manche Krise ausgelöst. Optimismus ist für künftige unternehmerische Aktivitäten zwingend notwendig. Viele betrachten die geplanten Veränderungen jedoch übertrieben zuversichtlich und vernichten damit Zeit und Geld. Die Vorteile und Chancen des Vorhabens werden überschätzt, die Nachteile und Risiken dagegen unterschätzt. Oftmals treffen Führungsverantwortliche ihre Entscheidungen nicht aufgrund einer nüchternen Abwägung.

Zurückzuführen ist zu großer Optimismus häufig auf eine Selbstüberschätzung. Manche Führungskräfte sind selbstgefällig davon überzeugt, mit vielen positiven Fähigkeiten ausgestattet zu sein. Sie gehen davon aus, dass sie selbst alles richtig machen und halten die Wahrscheinlichkeit negativer Einflüsse für gering.

Zuversicht kann man lernen. Manche behaupten, die zuversichtlichste Zeit in Europa war die Nachkriegszeit, ab Mitte der 1950er-Jahre. Die Trümmer waren kaum weggeräumt, begann bereits das Wirtschaftswunder und der Aufwärtstrend war enorm. Ich will mich dagegen verwahren, dass die Zeiten nach Kriegen ein Synonym für Zuversicht sind. Zuversicht ist für mich vielmehr die Vermeidung von kriegerischen Auseinandersetzungen. Hartnäckig halten sich in Ratgebern und Seminaren bis heute Variationen jener Formel, die lautet: *Du musst nur an dich glauben, dann kannst du alles schaffen! Du musst es nur beschließen, dann kannst du alles erreichen.* Doch der Weg zu mehr Zuversicht führe nicht über positive Gedanken, sondern über positive Emotionen, erklärt Psychologin Elaine Fox. Sie empfiehlt, ganz bewusst positive emotionale Erfahrungen und Erlebnisse zu sammeln. Wie wird man eigentlich ohne Nachkriegszeiten und Motivationsgebrüll zuversichtlicher?

Wie es Ihnen gelingt, zuversichtlich zu agieren:

- Erinnern Sie sich an Ihre Erfolge, aus ihnen können Sie Zuversicht lernen. Erfolge zu analysieren, fördert die Selbstwirksamkeitserwartung.
- Suchen Sie sich Vorbilder, sie geben Ihnen Orientierung und Motivation. Der Mensch adaptiert deren Verhaltens- oder Denkweisen. Soziales Lernen trägt enorm zur Zuversicht bei.
- Meiden Sie Pessimisten, notorisch Negative und unheilbar Unzufriedene. Das zieht nur alle Beteiligten hinunter. Für gute Gegenargumente sollten Sie jedoch immer offen bleiben.
- Entscheiden Sie sich und handeln Sie danach. Sie wollen doch zuversichtlich vorangehen. Die Entscheidung ist der erste Schritt.

Aus der Vielzahl von Erkenntnissen über die Zuversicht filtert Elaine Fox drei Ratschläge:

- So viele positive Emotionen wie möglich sammeln.
- Sich stark und engagiert in das Leben einbringen.
- Einen Lebenssinn anstreben, der nicht im Geldverdienen gipfelt.

Die erreichte Zuversicht soll ein Unternehmen auch nach außen tragen. Dies wird sichtbar, indem man auch in kritischen Situationen und unter Stress nicht im Affekt handelt, sondern ruhig und zuversichtlich bleibt.

Im Buch „Manager müssen Mut machen - Mythos Shackleton" führe ich die Gedanken zu Mut und Zuversicht näher aus. Führen heißt zuversichtlich entscheiden, nicht konservativ verwalten. Treffen Zuversicht und Investitionen in die Zukunft zusammen, erhöhen sich beide gegenseitig enorm.

Unternehmensführung ist nicht die Beschäftigung mit Gegenwartsproblemen, sondern die Gestaltung der Zukunft.

– Daniel Goudevert

Ihre Investitionen in die Zukunft

Investitionen in die Zukunft finde ich wesentlich charmanter als jede Form der Rückzahlungen für die Vergangenheit. Kein Unternehmen, auch das Ihre, hat im Vorhinein eine gesicherte Zukunft. Sie sind dem Druck ausgesetzt, Chancen und Risiken frühzeitig zu erkennen. Chancen müssen Sie dabei maximieren, Risiken minimieren. Sie tragen die unteilbare Verantwortung, die richtigen Investitionen in die Zukunft zu tätigen.

Ihre Investitionen in die Zukunft und die Motivation für Ihre Umsetzung:

1. Arbeitsplätze der Zukunft
Welche Arbeitsbedingungen bieten Sie den jungen Generationen?
Wie ermöglichen Sie Kollaboration?

2. Mitarbeiter der Zukunft
Warum betätigen talentierte Mitarbeiter gerade Ihre Türklinke?
Und warum werden sie das auch noch morgen tun?

3. Kunden der Zukunft
Was machen Sie, um Ihre Kunden wirklich gut zu kennen?
Durch welche Denkweisen steht bei Ihnen der Kundennutzen im Zentrum Ihres Bemühens?

4. Produkte der Zukunft
Was macht Ihre Produkte und Ihr Alleinstellungsmerkmal aus?
Wie entwickeln Sie in Zukunft smarte, effiziente und ökologische Produkte?

5. Märkte der Zukunft
Welche Ihrer Märkte haben Zukunft und welche neuen Märkte können Sie erschließen?
Inwieweit begegnen Sie Trends nicht rein adaptiv, sondern schaffen selbst Trends?

6. Leistungsfähigkeit und Wirtschaftlichkeit
Welcher Leistungsanspruch und welche Ausstattung machen Sie zukunftsfähig?
Durch welche Maßnahmen übernehmen Sie die Kostenführerschaft?

7. Kommunikation und Wissenstransfer
Wie kommuniziert Ihre Organisation intern und extern morgen besser als heute?
Was tun Sie, um den Wissenstransfer wirklich voranzutreiben?

8. Erfolgsfaktor Veränderungskompetenz
Wie viele selbstorganisierende Mitarbeiter und Teams haben Sie in einem Jahr?
Wie vertreten Sie Ihr klares Bekenntnis zur digitalen Transformation?

9. Schnelligkeit durch Vertrauen
Wie bauen Sie Tag für Tag Vertrauen auf?
Wie bringen Sie mehr Emotionalität in das Vertrauensthema?

10. Analoge und digitale Leadership-Kompetenzen
Wie verbinden Sie das Beste aus zwei Welten?
Wie beeinflussen Sie Ihre Mitarbeiter und Ihr Unternehmen positiv?

11. Unternehmenskultur gepaart mit Zugehörigkeit
Welche kulturellen Rahmenbedingungen bieten Sie Ihren Mitarbeitern?
Wie fördern und verankern Sie Zugehörigkeit?

12. Einwandfreie und zukunftsorientierte Prozesse
Welche Prozesse können Sie weglassen, welche verbessern oder erneuern Sie zukünftig?
Wie vereinfachen Sie Ihre Ablauforganisation?

Sie müssen diese zwölf Einzahlungen auf Ihre Zukunft nicht alle gleichzeitig und nicht alle heute tätigen. Bei einigen sind Sie vielleicht bereits in Vorleistung getreten. Zu anderen fehlen noch die ersten Ideen. Arbeiten Sie daran, Tag für Tag. Heute für Ihr Morgen.

Zu diesen Investitionen in die Zukunft bestehen keine Alternativen. Bedenken Sie, wer nicht in die Zukunft investiert, verliert letztlich nicht nur sein Gesicht. Das Nichthandeln wird genauso sichtbar wie das Handeln.

CONCLUSIO

Es muss nicht lustig sein, um Spaß zu machen.

Zukunftsfähigkeit ist Zuversicht

Zukunftsfähigkeit ist Ihre Herausforderung. Zukunft zu gestalten, erfordert Ihre Leistungsbereitschaft. Zukunftsfähigkeit wird Ihnen nicht geschenkt und Zukunftsfähigkeit können Sie nicht kaufen. Zukunft lässt sich auch nicht verordnen. Das fordert uns. Das treibt uns an. Es muss nicht lustig sein, um Spaß zu machen.

Ein mutiger Zukunftsblick: Vieles können Sie positiv angehen. Was haben Sie bislang geschafft? Wo stehen Sie? Wo wollen Sie hin? Das lässt sich doch schaffen!

Zukunftsfähigkeit als großartige Chance: Ihre Vorbildwirkung und Ihre Entscheidungskraft, Ihre Begeisterung für Menschen und Ihr zuversichtlicher Fokus auf die Zukunft entscheiden alles.

Epilog:
Die Chance ist so groß
wie der Optimismus

6.

Man bewirkt niemals eine Veränderung, indem man das Bestehende bekämpft. Um etwas zu verändern, geht man neue Wege, die das Alte überflüssig machen.

– Richard Buckminster Fuller

Wandel ist Normalität,
Erneuerung ist lebenswichtig

Sie sind das allerbeste Beispiel für Wandel. Ihr Körper erneuert sich ständig. Ihr Skelett braucht dafür zehn Jahre, Ihre Lungenbläschen schaffen es in acht Tagen. Ihr Unternehmen muss sich ebenfalls ständig erneuern. Acht Tage wären völlig utopisch, zehn Jahre wären vermutlich tödlich.

Heute sagen wir zu erneuern transformieren. Wie auch immer. Ihr Engagement für die begabten Mitarbeiter ist wichtiger als jenes um neue Technologien. Die vorrangigen Investitionen für die Zukunft sind eindeutig jene in die Menschen. Dazu brauchen Führungskräfte Reife und Stil, Mut und Zuversicht. Ihre Chance dafür steht gut. Ihre Chance ist so groß wie der Optimismus.

Da war doch etwas mit Selbstgefälligkeit in diesem Buch? Ja, korrekt. Selbstgefälligkeit hindert uns daran, Großartiges zu leisten. Großartige Unternehmen stellen keine Mitarbeiter ein und motivieren sie. Großartige Unternehmen stellen motivierte Menschen ein und begeistern sie. Großartige Führungskräfte wissen: Führung ist die Vermeidung von Demotivation.

Mein Credo für Sie lautet:
Großartige Leader.
Großartige Teams.
Großartige Ergebnisse.

Den größten Fortschritt bietet nicht die Technologie, sondern das erweiterte Verständnis unseres Menschseins.

– nach John Naisbitt

Digitalisierung als Werkzeug, Menschlichkeit als Pflicht

Technologiegläubigkeit alleine ist zu wenig. Heute ist Zugang wichtiger als Besitz. Das klingt für viele alteingesessene Unternehmer wie vermeidbare Zukunftsmusik. Tag für Tag treffen wir aber auf Unternehmen wie Airbnb, Skype, WhatsApp, Facebook, Netflix und andere, die allesamt keine eigene Infrastruktur besitzen.

Dass diese Unternehmen nichts besitzen, stört sie wenig. Dafür gehört ihnen in Wirklichkeit doch alles. Und genau das macht sie zum Vorbild für die neuen Generationen. Ich bin überzeugt, dass Zugang zu Infrastruktur extrem wichtig bleibt. Diese modernen Unternehmen sitzen ja nur gemächlich auf der Infrastruktur anderer Organisation. Die Banking-Apps oder Fintechs, die sich die Bankeninfrastruktur zu Nutze machen, sind ein Beweis dafür. Hier braucht es Korrekturen.

Auch müssen wir in diesem Punkt den nachwachsenden Generationen die Bedeutung von Infrastruktur, Gerechtigkeit und gesellschaftlicher Verantwortung vorleben. Die „Future Kids" zeigen den „Alten", wie Digital und Wandel geht und die älteren Generationen haben den jüngeren ihre Erfahrung mitzuteilen. Das gegenseitige Verständnis ist, abseits der digitalen Transformation, zu pflegen und auszubauen. Meine Ansicht dazu lautet: Digitalisierung als Werkzeug, Menschlichkeit als Pflicht.

Was könnte mehr und mehr in unserem Lebenszentrum stehen? Wir haben keine engstirnigen digitalen Interessen. Wir haben primär menschliche Interessen. Was ist vermutlich das größte Menschenglück? Meiner Einschätzung nach ist es das Privileg, das Leben nach eigenen Vorstellungen leben zu können.

Wir sind die Roboter.

– Kraftwerk

Sind Maschinen die besseren Menschen?

Sind Maschinen wirklich besser? Was Rechenleistung und Datenverarbeitung angeht, auf jeden Fall. Ohne vielleicht. Bemerkenswert ist aber, dass der von Alan Turing 1950 entwickelte „Turing-Test" bislang noch nicht bestanden wurde. Turings Idee war eine Testanordnung, mit der man feststellen könnte, ob eine Maschine (Computer) ein dem Menschen gleichwertiges Denkvermögen hätte.

Zu Mensch als Maschine oder Maschine als Mensch ist meine Haltung speziell:

- Mensch als Maschine, das hatten wir bereits in der Industriellen Revolution. Man hatte versucht, den Menschen an die Geschwindigkeit und Bewegungen des Fließbandes anzugleichen. Der Taylorismus ist gescheitert. Mit ihm scheiterte die versuchte Trennung geistig anspruchsvoller Arbeit von einfachen manuellen Tätigkeiten ebenfalls.

- Heute träumen viele von der Maschine als Mensch. Also vom besseren, schnelleren und fehlerfreien Menschen. Der Traum oder Alptraum von künstlicher Intelligenz, die menschliche Wesen verbessert und abschafft, ist groß. Da werden viele erkennen müssen, dass diese Träumereien genauso scheitern. Ich halte mich hierzu an Luc Steels: *Künstliche Intelligenz von heute ist nur „fake intelligence".* *Auf Dauer machen den Menschen Kunst und Empathie einzigartig.*

Wenn wir alles digitalisieren, was digitalisiert werden kann, wird das Nicht-Digitalisierbare immer wertvoller. Wir Menschen sind ohnehin schrecklich analog. Wir haben in vielen Ländern der EU einen relativen Gleichstand an technologischen Standards. Generell räumen wir der digitalen Technologie viel Platz ein. Die einzige Unterscheidungsmöglichkeit am Markt ist aber das analoge Verständnis unseres Menschseins. Das ist unser Zukunftspotential. Unsere Hoffnung heißt: Buchladen statt Versandhandel, Bargeld statt Kreditkarten, Face2Face statt Facebook, Kino statt Netflix, sprechen mit Mama statt mit Alexa und denken statt nur googeln. Unsere Hoffnung heißt, mehr Mensch und weniger Maschine. Nur das Menschliche an uns Menschen ist faszinierend und exklusiv.

Der andere Mensch wird zu Luxus.

– Andre Wilkens

Eine humane Gesellschaft, die das Beste aus Analog und Digital vereint

Der andere Mensch wird zum Luxus. Als Arzt, Kollege, Bankberater, Verkäufer, Dienstleister, Telefonstimme, Freund, vielleicht sogar Liebhaber. Es geht nicht um die Abschaffung von Digital und zurück zu Analog. Es geht um eine humane Gesellschaft, die digital und analog ist. Analog ist Begrenztheit, Endlichkeit und eingeschränkte Kopierbarkeit. Digital ist Masse, Unendlichkeit und unendliche Kopierbarkeit.

Die Begrenztheit finde ich im höchsten Maße schätzenswert. Das hat einen Wert, damit muss man sorgsam umgehen. Begrenztheit ist die Basis von Luxus.
Ganz unternehmenspraktisch gedacht, sind 100 Prozent Ihrer Mitarbeiter Menschen und 100 Prozent Ihrer Kunden sind auch Menschen. Wenn Sie die Menschen nicht verstehen, verstehen Sie die Wirtschaft nicht. Sie müssen eigentlich nur so agieren, dass Sie den Menschen gerecht werden.

Digitalisierung ist Kulturwandel und Digitalisierung stößt an ihre Grenzen. Sozialkompetenz lässt sich nicht digitalisieren. Führungskompetenz lässt sich ebenfalls nicht digitalisieren. Großartig!

Vom Ich zum Wir –
Zukunftsintelligenz und Zukunftsfaktor Jugend

Die „Generation Me, myself and I" hat ihre besonderen egozentrischen Bedürfnisse. Es muss uns gelingen, vom Ich zum Wir zu kommen. In digitalen Zeiten zählt die Wir-Intelligenz. Je früher wir diese Gedanken zulassen, desto eher sind wir erfolgreich. Die Intelligenz der Vielen, die Wir-Intelligenz, entscheidet.

Ich mag es, wenn sich viele finden, die an der Zukunftsintelligenz arbeiten. Und ich mag es sogar noch ein bisschen mehr, wenn wir gemeinsam an die Jugend glauben. An diese bestens ausgebildete Jugend glauben, für die wir alles tun. Diese Jugend, in die wir unsere Hoffnung setzen. Sie ist alles, was wir für die Zukunft in die Waagschale werfen können. Es wäre von uns vermessen, nicht auf die Jugend zu bauen. Ich persönlich baue ohne Einschränkung auf die jungen Generationen.

Wege entstehen dadurch,
dass man sie geht.
– Franz Kafka

Das war alles erst der Anfang

Erfolg ist die Folge einer Tätigkeit. Am besten einer leidenschaftlichen Tätigkeit. Unzureichender Einsatz und unzureichende Mittel bringen Sie nicht voran. Ein unzureichendes Mittel wird auch nicht besser, wenn man es verdoppelt.

Für Dinge, die Sie noch nie zuvor erreicht haben, müssen Sie zukünftig ganz einfach Dinge tun, die Sie noch nie zuvor getan haben. Dabei wünsche ich Ihnen viel Freude und Erfolg!

Niveau sieht nur von unten wie Arroganz aus.

Eine Antwort ohne Frage

Ich habe mir erlaubt, Ihnen mit dem Buchcover eine Antwort ohne Frage zu geben. Ich wollte Sie herausfordern. Die Menschen in Ihrer Organisation, Ihr Unternehmen und Ihr Verantwortungsbereich fordern Sie täglich heraus. Stellen Sie sich diesen Aufgaben. Es hängt viel davon ab. Ihr persönliches Glück, das Wohlbefinden Ihrer Organisationsmitglieder, der Zustand unserer Gesellschaft. Das Klima, das Sie schaffen, überträgt sich.

Es gibt viel zu verlieren. Du kannst nur gewinnen.

– Herbert Grönemeyer

Zuversicht Zukunft

Eine zuversichtliche Ansage: Heute werden wir die Welt nicht mehr retten. Aber morgen ganz sicher. Seien Sie die Stimme, nicht das Echo. Seien Sie der Sturm, nicht der Wind. Seien Sie der Wandel, nicht der Stillstand.

Natürlich meine ich das mit Buchtitel „Zuversicht Zukunft" genauso. Aber Sie dürfen ab und zu ein wenig nachlässig sein. Situative Ungenauigkeiten sind erlaubt.

Vielleicht habe ich ohnehin nur getan, als wüsste ich, wie es geht. Das deckt sich mit der landläufigen Meinung über Unternehmensberater und Coaches, Speaker und Autoren. Bis heute durfte ich über Jahrzehnte tief in die Augen der Führungskräfte und in die Prozesse zahlreicher Organisationen blicken. Einzelunternehmer, Unternehmen mit nur sieben Mitarbeitern und internationale Marktführer unterschiedlichster Branchen bilden mein Spektrum dafür. Im persönlichen Coaching sind meine Schwerpunkte die Leadership-Begleitung von Führungskräften und die perfekte Kommunikation von Personen und Unternehmen. Einen besonderen Fokus lege ich auf das Vortrags- und Präsentations-Coaching für Menschen, die auf der Bühne emotional und kompetent wirken wollen. Menschen berühren, begeistern und bewegen ist mein persönliches Credo, wenn ich auf den internationalen Kongressbühnen meine Themen präsentiere. In meiner Lehrtätigkeit an Hochschulen und Business Schools treffe ich auf die jungen Talente, neuen Generationen und engagierten Damen und Herren aus der Wirtschaft. Somit kombiniere ich das Beste aus zwei Welten. Marco Polo meinte, er habe nicht die Hälfte von dem erzählt, was er gesehen hätte. So fühle ich mich auch.

Ich fühle mich privilegiert, enormes Vertrauen zu genießen und diese Einblicke gewährt zu bekommen. Es könnte nicht spannender sein. Es kann nicht näher am Puls der Zeit sein.

Es gibt viel zu verlieren für jene Führungskräfte und Organisationen, die nicht zuversichtlich sind. Sie aber können nur gewinnen. Schlagen Sie einfach wieder im Buch nach und überdenken Sie die passenden Inhalte für Ihre Situation. Vielleicht setzen Sie einiges gleich, anderes später um. Es geht dabei um Ihre Zuversicht, Ihr Gespür und Ihre Umsetzungskraft. Es ist das, was Sie daraus machen, denn von alleine wird sich nichts ändern. „Zuversicht Zukunft" ist nicht nur ein Buchtitel, sondern ein Motto. Ich bin mir sicher, dass Sie alles tun werden, um ein wandlungsfähiges und zukunftsfähiges Unternehmen zu führen. Meine Absicht war es nie, Ihnen dafür Methoden, Tipps oder Wahrheiten zu liefern. Es sind Ihre Entscheidungen, wie Sie den Wandel umarmen und Ihre Organisation zukunftsfähig führen.

Die Aufgaben, die auf Sie warten, sind ziemlich herausfordernd und extrem spannend zugleich. Vielleicht pendelt die Wahrheit für echte Zukunftsfähigkeit ewig hin und her? Es ist gut möglich, dass Sie Ihre Haltungen und Überzeugungen innerhalb eines besonderen Spannungsfeldes vertreten müssen.

Der Sinn des Lebens ist das Unvollendete.

– Dr. Bruno Kreisky

Mit dieser Denkweise kann ich mich vollkommen anfreunden.

Anhang zum Buch als Download

Komplexität meistern –
Den Blick radikal öffnen

Besuchen Sie www.peterbaumgartner.at – im „Magazin" finden
Sie die PDF-Datei in der Kategorie „Leadership".

Literaturverzeichnis

Andresen Judith (2017): Agiles Coaching: Die neue Art, Teams zum Erfolg zu führen. Carl Hanser. München.

Bauer Karin (2018): Welche Jobs bleiben, welche verschwinden. Der Standard. https://www.derstandard.at/story/ 2000078804017/welche-jobs-bleiben-welche-verschwinden, abgerufen am 27. April 2020.

Bauer Marie (2018): Mitarbeiterbindung steigern. team/echo. https://www.teamecho.de/2018/07/30/mitarbeiterbindung-steigern/, abgerufen am 22. Mai 2020.

Baumgartner Peter (2019): Geniale Grenzgänge – Limits in der Wirtschaft und am Ende der Welt. Colorama Business. Salzburg.

Baumgartner Peter (2016): Leadership leben – Charakter und Charisma entscheiden. Books4Success. Kulmbach.

Baumgartner Peter (2019): Lead to succeed –THE LEADERSHIP MANUAL. Colorama Business. Salzburg.

Baumgartner Peter/Hornbostel Rainer (2013): Manager müssen Mut machen – Mythos Shackleton. Books4Success. Kulmbach.

Baumgartner Peter/Shata-Aichner Eva (2018): REDE – Vorträge, die berühren, begeistern und bewegen. BusinessVillage. Göttingen.

Baumgartner Peter/Stumm Christoph (2019): Komplexität - Den Blick radikal öffnen. Magazin Bankinformation. 03/2019.

Bock Petra (2011): Motivation durch respektvolle Führung. Karriere Welt. 17./19.10.2011.

Büntemeyer Lisa (2020): Warum Sie für eine erfolgreiche Zukunft Ihr Unternehmen töten sollten. Impulse.de. https://www.impulse.de/management/unternehmensfuehrung/ kill-your-company/7434521.html, abgerufen am 20. Mai 2020.

Christensen Clayton/Matzler Kurt/von den Eichen Stephan F. (2011): The Innovators Dilemma. Vahlen. München.

Collins James C./Porras Jerry I. (1995): Visionary Companies – Visionen im Management. Artemis & Winkler. Mannheim.

Covey Stephen M. R. (2018): Die sieben Wege zur Effektivität. GABAL. Offenbach am Main.

Covey Stephen M. R. (2009): Schnelligkeit durch Vertrauen. GABAL. Offenbach am Main.

Creusen Utho/Eschemann Nina-Ric/Johann Thomas (2010): Positive Leadership - Psychologie erfolgreicher Führung. Gabler. Wiesbaden.

Diercks Joachim (2017): Unternehmenskultur ist wichtig – wie lässt sie sich messen? German Personnel. https://www.germanpersonnel.de/blog/unternehmenskultur-ist-wichtig-wie-laesst-sie-sich-messen/, abgerufen am 4. Mai 2020.

Dörr Stefan (2007): Fit für den Wandel durch transaktionale und transformale Führung. Wirtschaftspsychologie aktuell. 1/2007.

Erbersdobler Julian (2020): Mensch oder Maschine? Süddeutsche Zeitung. https://www.sueddeutsche.de/karriere/berufe-job-digitalisierung-zukunft-1.4723626, abgerufen am 27. April 2020.

Erwin Dennis G./Garman Andrew N. (2010): Resistance to organizational change: linking research and practice. Leadership & Organization Development Journal. https://www.cin.ufpe.br/~ll-fj/Emerald/Resistance%20to%20organizational%20change%20-%20linking%20research%20and%20practice.pdf, abgerufen am 18. Mai 2020.

Fleig Jürgen (2013): Entscheidungsqualität. Denkmuster aufgeben und besser entscheiden. Business Wissen. https://www.business-wissen.de/artikel/entscheidungsqualitaet-denkmuster-aufgeben-und-besser-entscheiden/, abgerufen am 22. Mai 2020.

Frankl Viktor E. (2011): Gesammelte Werke. Hrsg. Batthyany Alexander. Böhlau. Wien-Köln-Weimar.

Hofert Svenja (2020): Wieviel agil ist agil genug? Karriereblog Svenja Hofert. https://karriereblog.svenja-hofert.de/2020/02/wieviel-agil-ist-agil-genug/, abgerufen am 14. April 2020.

Geschwill Roland/Nieswandt Martina (2020): Erfolgsprinzip laterales Management. Denkwerkstatt-Manager.

https://www.denkwerkstatt-manager.de/de/denkwerkstatt/
laterales-management, abgerufen am 27. April 2020.

Goleman Daniel (2003): Emotionale Führung. Ullstein. Berlin.

Goleman Daniel (2000): Leadership That Gets Results. Harvard
Business Review. März-April 2000.

Halstrup Dominik/Steinert Carsten (2011): STUDIE: Schlechte Führung
wird toleriert, wenn die Zahlen stimmen. Hochschule Osnabrück.
4.7.2011.

Herzberg Frederick (1987): One More Time – How Do You Motivate
Employers? Harvard Business Review. September-Oktober 1987.

Hölzel Hans (2017): Falco. Eine unsterbliche Legende. ORF.
https://tvthek.orf.at/profile/Archiv/7648449/Falco-Eine-
unsterbliche-Legende/13928842/Falco-Eine-unsterbliche-
Legende/14102666, abgerufen am 4. Mai 2020.

Hombach Stelle (2020): Fear of better options. Der Standard. https://
www.derstandard.at/story/2000114671313/wenn-die-kraft-fuer-
entscheidungen-fehlt-ist-es-fobo, abgerufen am 12. Mai 2020.

Kampitsch Sarah (2019): Von diesen 3 Leadership-Stilen wollen wir
da draußen zukünftig mehr sehen! https://www.teamazing.
at/3-leadership-stile-der-zukunft/, abgerufen am 22. April 2020.

Kempin Olaf (2019): Zehn Berufe, die Zukunft haben. ChannelPartner.
https://www.channelpartner.de/a/sieben-berufe-die-zukunft-
haben,3050673, abgerufen am 2. April 2020.

Koehn Nancy F. (2014): Ernest Shackleton – Exploring Leadership.
New Word City. Boston.

Kotter John P. (2011): Leading Change. Vahlen. München.

Kotter John P./Rathgeber Holger (2011): Das Pinguin-Prinzip – Wie
Veränderung zum Erfolg führt. Droemer. München.

Kraske Michael (2018): Die Kunst der Zuversicht. Psychologie Heute.
https://www.psychologie-heute.de/leben/39063-die-kunst-der-zu-
versicht.html, abgerufen am 18. April 2020.

kununu. Mirko (2019): 3 KPIs, die deine Unternehmenskultur messbar machen. kununu engage. https://engage.kununu.com/de/blog/unternehmenskultur-messen/, abgerufen am 28. Mai 2020.

Laudon Sirka (2020): 10 Dinge, die ich als Führungskraft in 2020 unbedingt wieder verlernen will. GetVisonary. https://blog.get-visionary.com/?p=231, abger. am 19. Mai 2020.

Löhr Jörg (2012): Die Mutmacher. Insider. 12/2012.

Logan Dave/King John/Fischer-Wright Halee (2020): Tribal Leadership. Farman Street. https://fs.blog/2017/02/tribal-leadership/, abgerufen am 19. April 2020.

Lotter Dennis (2019): Digital Transformation Design – 33 Prinzipien, wie Sie Organisationen ins intelligente Zeitalter führen. Business-Village. Göttingen.

Lotter Wolf (2015): Die Chefsache. brand eins. https://www.brandeins.de/magazine/brand-eins-wirtschaftsmagazin/2015/fuehrung/die-chefsache, abgerufen am 22. April 2020.

Miles Robert H. (2010): Der Turbo für die Transformation. Harvard Business manager. https://www.harvardbusinessmanager.de/heft/d-69111700.html, abgerufen am 8. April 2020.

Mosler Jörg (2020): Chefsache Mensch: Warum Sie in der Mitarbeitergewinnung radikal umdenken müssen. Books on Demand. Norderstedt.

Müller Christa Catharina (2017): Wer ist eigentlich diese Generation Alpha? W&V https://www.wuv.de/marketing/wer_ist_eigentlich_diese_generation_alpha, abgerufen am 22. April 2020.

NFON (2018): Vier Gründe, warum die Generation Z die Kommunikation am Arbeitsplatz menschlicher macht. NFON. https://www.nfon.com/de/news/presse/blog/blog-detail/4-gruende-warum-die-generation-z-die-kommunikation-am-arbeitsplatz-menschlicher-macht, abgerufen am 12. Mai. 2020.

Nieswandt Martina (2018): So lässt sich Unternehmenskultur messen. Handelsblatt. https://unternehmen.handelsblatt.com/unternehmenskultur-messen.html, abgerufen am 27. Mai 2020.

Perkins Dennis (2000): Leading at the Edge. Leadership lessons from the extraordinary saga of Shackleton´s Antarctic Expedition. Mcgraw-Hill. New York.

Peters Thomas J./Waterman Robert H. (1993): Auf der Suche nach Spitzenleistungen. mvg. München.

Pfriem Reinhard (2009): Innovationen und Leadership. Carl von Ossietzky Universität. Oldenburg.

Precht Richard David (2012): Wer bin ich und wenn ja, wie viele? Goldmann. München.

Rassek Anja (2020): Selbstgefälligkeit: So schaden Sie sich. Karrierebibel. https://karrierebibel.de/selbstgefälligkeit, abgerufen am 24. Mai 2020.

Robertson Brian (2016): Holocracy: Ein revolutionäres Management-System für ein volatile Welt. Vahlen. München.

Sammer Werner (2020): Was macht Geschäftsmodelle skalierbar? Ein Start-up-Guide. Up To Eleven. https://ut11.net/de/blog/was-macht-geschaftsmodelle-skalierbar-ein-startup-guide/, abgerufen am 14. Mai 2020

Schön Sandra/Markus Mark (2013): Güte und Kritik der Zukunftsforschung. L3T - Lehrbuch für Lernen und Lehren mit Technologien. https://l3t.tugraz.at/HTML/, abgerufen am 22. Mai 2020.

Schnabel Ulrich (2018): Was macht uns zukünftig einzigartig? Zeitonline. https://www.zeit.de/2018/14/kuenstliche-intelligenz-menschen-maschine-verhaeltnis/komplettansicht, abgerufen am 21. Mai 2020.

Schumann Jörg (2010): Führungswechsel – Das Unternehmen von der Zukunft her führen. Books on Demand. Norderstedt.

Schreiner Maximilian (2019): Der Turing-Test und was passiert, wenn er bestanden ist. Mixed. https://mixed.de/der-turing-test-und-was-passiert-wenn-er-bestanden-ist, abgerufen am 22. Mai 2020.

Sinek Simon (2014): Frag immer erst: warum. Redline. München.

Sinek Simon (2016): Millennials in the Workplace. RSA. https://www.youtube.com/watch?v=SKCjPc92hWc, abgerufen am 6. April 2020.

Stachel Claudia/Bauer Eva-Maria/ Ahrens Oliver (2019): Fit für die Arbeit 4.0. Manager Seminare. Heft 259. Bonn.

Steinbrecher Wolf (2016): Muss sich die Organisationskultur ändern, wenn man Scrum einführen will? Das Teamwork-Blog. http://www.teamworkblog.de/2016/07/muss-sich-die-organisationskultur.html, abgerufen am 21. Mai 2020.

Stroh Dominique (2019): Agil geht anders: Eine Toolbox für den Führungsalltag. Schäffer-Poeschel. Stuttgart.

Weilbacher Jan. C. (2017): Die agile Organisation ist kalter Kaffee. Human Resources Manager. https://www.humanresourcesmanager.de/news/die-agile-organisation-ist-kalter-kaffee.html, abgerufen am 9. April 2020.

Wilkens Andre (2017): Analog ist das neue Bio. Fischer. Frankfurt am Main.

Wolter Ute (2018): Wie Arbeitgeber ein Gefühl der Zugehörigkeit schaffen. Personalwirtschaft. https://www.personalwirtschaft.de/fuehrung/mitarbeiterbindung/artikel/arbeitgeber-binden-mitarbeiter-vor-allem-durch-fairness-und-gleichbehandlung.html, abgerufen am 20. Mai 2020.

Zelesniack Elena/Grolman Florian (2020): Unternehmenskultur: Die wichtigsten Modelle. initio. https://organisationsberatung.net/unternehmenskultur-kulturwandel-in-unternehmen-organisationen/, abgerufen am 8. April 2020.

Zweig Stefan (1988): Sternstunden der Menschheit. Fischer. Frankfurt am Main.

Peter Baumgartner, Rainer Hornbostel

**MANAGER
MÜSSEN MUT
MACHEN**

MYTHOS SHACKLETON

4. Auflage 2018
256 Seiten
ISBN: 978–3–86470–167–2

Wirtschaftsliteraturpreis

Davon können Manager heute nur lernen. – *Hamburger Abendblatt*

Am Beispiel der legendären Endurance-Expedition zeigen die Autoren auf, was erfolgreiche Manager ausmacht und übertragen Ernest Shackletons Prinzipien auf Unternehmen. Ein Buch voller Fallbeispiele und praktischer Tipps.

Peter Baumgartner

**GENIALE
GRENZGÄNGE**

Limits in der Wirtschaft
und am Ende der Welt

2. Auflage 2019
272 Seiten
ISBN: 978–3–903011–60–1

Lesen Sie dieses Buch!
– Dr. Wolfgang Porsche

Peter Baumgartner hat die Erfolgsfaktoren am Limit aufgespürt. Der Autor durchleuchtet eine unerhörte historische Begebenheit und legt die Erkenntnisse daraus auf wirtschaftliche Ziele um.

Peter Baumgartner, Rainer Hornbostel

LEADERSHIP
LEBEN

Charakter und Charisma
entscheiden

3. Auflage 2016
176 Seiten
ISBN: 978–3–864701–87–0

Spannend und wichtig zu lesen!
– WirtschaftsBlatt

Bestsellerautor Peter Baumgartner zeigt, wie Führungskräfte zu Führungs-
persönlichkeiten werden. Sein Ansatz: Eigenmotivation durch Erfolg, Mitarbeiter
als Investitionen betrachten sowie Respekt vor anderen und Menschlichkeit.

Peter Baumgartner

LEAD TO
SUCCEED

THE IFADERSHIP MANUAL

2. Auflage 2019
184 Seiten
ISBN: 978–3–903011–14–4

Simply captivating! *– ORF Radio Wien*

As a Leader you win people over for a common goal, you gain prestige
and loyalty, you achieve a greater quality of life and of course you win
financially. Your success proves you right. The future belongs to leadership.
The future belongs to you.

Peter Baumgartner,
Eva Shata-Aichner

REDE

VORTRÄGE, DIE BERÜHREN,
BEGEISTERN UND BEWEGEN

3. Auflage 2021
192 Seiten
ISBN: 978-3-86980-401-9

Ein Standardwerk: Klar, pointiert, praxisorientiert und kompetent.
– ORF Radio Wien

Wie sprechen Menschen sicher und mit hoher Qualität? Wie baut man Vorträge und Reden perfekt auf? Wie faszinieren und überzeugen Vortragende inhaltlich?

Antworten darauf liefern Peter Baumgartner und Eva Shata-Aichner. Die Autoren zeigen, wie man Emotionen auslöst, souverän spricht und sich gekonnt auf der Bühne bewegt. Denn nur wer das beherrscht, erreicht seine Zuhörer und hinterlässt einen nachhaltigen Eindruck.